本书由
中央高校建设世界一流大学（学科）
和特色发展引导专项资金
资助

中南财经政法大学"双一流"建设文库

数 | 字 | 经 | 济 | 系 | 列 |

神经网络及其在数据科学中的应用

蒋 锋 著

中国财经出版传媒集团

中国财政经济出版社

图书在版编目（CIP）数据

神经网络及其在数据科学中的应用／蒋锋著．--北京：中国财政经济出版社，2019.12

（中南财经政法大学"双一流"建设文库．数字经济系列）

ISBN 978 - 7 - 5095 - 9407 - 0

Ⅰ.①神…　Ⅱ.①蒋…　Ⅲ.①神经网络-应用-数据处理-研究　Ⅳ.①TP274

中国版本图书馆 CIP 数据核字（2019）第 246370 号

责任编辑：武志庆　　　　责任校对：李　丽

封面设计：陈宇琰

神经网络及其在数据科学中的应用

SHENJING WANGLUO JIQI ZAI SHUJU KEXUE ZHONG DE YINGYONG

中国财政经济出版社 出版

URL：http://www.cfeph.cn

E - mail：cfeph @ cfemg.cn

（版权所有　翻印必究）

社址：北京市海淀区阜成路甲 28 号　邮政编码：100142

营销中心电话：010 - 88191537

北京财经印刷厂印装　各地新华书店经销

787 × 1092 毫米　16 开　13.5 印张　218 000 字

2019 年 12 月第 1 版　2019 年 12 月北京第 1 次印刷

定价：61.00 元

ISBN 978 - 7 - 5095 - 9407 - 0

（图书出现印装问题，本社负责调换）

本社质量投诉电话：010 - 88190744

打击盗版举报热线：010 - 88191661　QQ：2242791300

总　序

　　"中南财经政法大学'双一流'建设文库"是中南财经政法大学组织出版的系列学术丛书，是学校"双一流"建设的特色项目和重要学术成果的展现。

　　中南财经政法大学源起于1948年以邓小平为第一书记的中共中央中原局在挺进中原、解放全中国的革命烽烟中创建的中原大学。1953年，以中原大学财经学院、政法学院为基础，荟萃中南地区多所高等院校的财经、政法系科与学术精英，成立中南财经学院和中南政法学院。之后学校历经湖北大学、湖北财经专科学校、湖北财经学院、复建中南政法学院、中南财经大学的发展时期。2000年5月26日，同根同源的中南财经大学与中南政法学院合并组建"中南财经政法大学"，成为一所财经、政法"强强联合"的人文社科类高校。2005年，学校入选国家"211工程"重点建设高校；2011年，学校入选国家"985工程优势学科创新平台"项目重点建设高校；2017年，学校入选世界一流大学和一流学科（简称"双一流"）建设高校。70年来，中南财经政法大学与新中国同呼吸、共命运，奋勇投身于中华民族从自强独立走向民主富强的复兴征程，参与缔造了新中国高等财经、政法教育从创立到繁荣的学科历史。

　　"板凳要坐十年冷，文章不写一句空"，作为一所传承红色基因的人文社科大学，中南财经政法大学将范文澜和潘梓年等前贤们坚守的马克思主义革命学风和严谨务实的学术品格内化为学术文化基因。学校继承优良学术传统，深入推进师德师风建设，改革完善人才引育机制，营造风清气正的学术氛围，为人才辈出提供良好的学术环境。入选"双一流"建设高校，是党和国家对学校70年办学历史、办学成就和办学特色的充分认可。"中南大"人不忘初心，牢记使命，以立德树人为根本，以"中国特色、世界一流"为核心，坚持内涵发展，"双一流"建设取得显著进步：学科体系不断健全，人才体系初步成型，师资队伍不断壮大，研究水平和创新能力不断提高，现代大学治理体系不断完善，国际交流合作优化升级，综合实力和核心竞争力显著提升，为在 2048 年建校百年时，实现主干学科跻身世界一流学科行列的发展愿景打下了坚实根基。

"当代中国正经历着我国历史上最为广泛而深刻的社会变革，也正在进行着人类历史上最为宏大而独特的实践创新"，"这是一个需要理论而且一定能够产生理论的时代，这是一个需要思想而且一定能够产生思想的时代"①。坚持和发展中国特色社会主义，统筹推进"五位一体"总体布局和协调推进"四个全面"战略布局，实现"两个一百年"奋斗目标、实现中华民族伟大复兴的中国梦，需要构建中国特色哲学社会科学体系。市场经济就是法治经济，法学和经济学是哲学社会科学的重要支撑学科，是新时代构建中国特色哲学社会科学体系的着力点、着重点。法学与经济学交叉融合成为哲学社会科学创新发展的重要动力，也为塑造中国学术自主性提供了重大机遇。学校坚持财经政法融通的办学定位和学科学术发展战略，"双一流"建设以来，以"法与经济学科群"为引领，以构建中国特色法学和经济学学科、学术、话语体系为己任，立足新时代中国特色社会主义伟大实践，发掘中国传统经济思想、法律文化智慧，提炼中国经济发展与法治实践经验，推动马克思主义法学和经济学中国化、现代化、国际化，产出了一批高质量的研究成果，"中南财经政法大学'双一流'建设文库"即为其中部分学术成果的展现。

文库首批遴选、出版二百余册专著，以区域发展、长江经济带、"一带一路"、创新治理、中国经济发展、贸易冲突、全球治理、数字经济、文化传承、生态文明等十个主题系列呈现，通过问题导向、概念共享，探寻中华文明生生不息的内在复杂性与合理性，阐释新时代中国经济、法治成就与自信，展望人类命运共同体构建过程中所呈现的新生态体系，为解决全球经济、法治问题提供创新性思路和方案，进一步促进财经政法融合发展、范式更新。本文库的著者有德高望重的学科开拓者、奠基人，有风华正茂的学术带头人和领军人物，亦有崭露头角的青年一代，老中青学者秉持家国情怀，述学立论、建言献策，彰显"中南大"经世济民的学术底蕴和薪火相传的人才体系。放眼未来、走向世界，我们以习近平新时代中国特色社会主义思想为指导，砥砺前行，凝心聚

---

① 习近平：《在哲学社会科学工作座谈会上的讲话》，2016 年 5 月 17 日。

力推进"双一流"加快建设、特色建设、高质量建设，开创"中南学派"，以中国理论、中国实践引领法学和经济学研究的国际前沿，为世界经济发展、法治建设做出卓越贡献。为此，我们将积极回应社会发展出现的新问题、新趋势，不断推出新的主题系列，以增强文库的开放性和丰富性。

"中南财经政法大学'双一流'建设文库"的出版工作是一个系统工程，它的推进得到相关学院和出版单位的鼎力支持，学者们精益求精、数易其稿，付出极大辛劳。在此，我们向所有作者以及参与编纂工作的同志们致以诚挚的谢意！

因时间所囿，不妥之处还恳请广大读者和同行包涵、指正！

中南财经政法大学校长

前　言

　　神经网络是由简单处理单元构成的大规模并行分布式处理器，天然地具有存储经验知识和使之有用的特性，其基本组成单元是神经元，数学上的神经元模型是和生物学上的神经细胞对应的，或者说，人工神经网络理论是用神经元这种抽象的数学模型来描述客观世界的生物细胞的。神经网络是一门交叉学科，是人类智能研究的重要组成部分，已经成为脑科学、神经科学、统计学、计算机科学、应用数学和数据科学等共同关注的焦点。近年来，神经网络深受国内外理论界和应用界的重视，对神经网络中深度学习的研究也有了新的突破。

　　目前，神经网络包含了感知器、BP 神经网络、RBF 神经网络、Hopfield 神经网络、卷积神经网络、递归神经网络、生成对抗网络等。本书主要讨论了Markov 切换神经网络、随机神经网络和深度学习，并重点介绍了神经网络的数值稳定性和应用。从内容上，本书可以分两部分：一是 Markov 切换神经网络和随机神经网络的各种数值稳定性研究。虽然对神经网络和随机神经网络稳定性的研究主要是基于 Lyapunov 稳定性理论以及由此发展的线性矩阵不等式方法等，但是这些方法一般都需要使用较难构造的 Lyapunov 函数或 Lyapunov 泛函来建立稳定性判据。此时，在缺乏合适的 Lyapunov 函数或 Lyapunov 泛函的情况下，可以通过选择数值方法和步长来比较准确的复制真实解的稳定性，通过数值方法来研究神经网络的稳定性，这是一个非常重要的研究神经网络稳定性的工具。二是神经网络与统计学习和群体智能优化算法的融合方法及其在证券投资、碳价预测、手机质量和民宿服务质量的文本挖掘方面的应用研究。虽然神经网络在经管和工程等领域都有一些应用，但是与其他方法的深度融合性研究还有很好的应用发展空间，可以将神经网络与统计学习理论和各种群体智能优化算法相结合，应用于经济、金融、管理、社会等数据挖掘方面，这具有重要的理论意义和实用价值。

　　本书集中了作者近几年来在神经网络理论方面的一系列研究成果，尤其在

Markov 切换随机神经网络数值方法的稳定性和理论研究方面的成果。同时，本书包含了神经网络应用部分，特别是神经网络与统计学习和优化算法的融合应用方面。本书可供高等院校数据科学、统计、应用数学等相关专业高年级本科生和研究生使用，也可供相关教师和科研人员参考。

本书得到了国家自然科学基金项目（61773401）和中南财经政法大学基金项目的资助，在此表示感谢！此外，感谢张虎教授、曾志刚教授、王小平教授、胡军浩教授、陈贵词教授等多年来给予我的大力支持和帮助！感谢在本书撰写和校对过程中付出努力的硕士生周航、彭紫君、郭晓菲、李清军、潘子颖、郑紫薇、黎倩文、杨嘉伟、王玉洁等。另外，书中参考了很多国内外专家和同行学者的论文，无法一一列举，在此一并表示衷心的感谢！特别感谢我的夫人、儿子和父母，谨以此书献给他们！

由于作者知识水平及能力的限制，书中难免有不足之处，敬请专家和读者批评指正！

蒋　锋

2019 年 6 月

目　录

第1章　绪论　　　　　　　　　　　　　　　　　　　　　　**1**

　　1.1　研究目的和意义　　　　　　　　　　　　　　　　　1

　　1.2　神经网络及随机数值模拟研究现状　　　　　　　　2

　　1.3　预备知识　　　　　　　　　　　　　　　　　　　10

　　1.4　主要研究内容　　　　　　　　　　　　　　　　　23

第2章　时滞和噪声影响下具有 Markov 切换神经网络的稳定性　　**25**

　　2.1　引言　　　　　　　　　　　　　　　　　　　　　25

　　2.2　时滞和噪声影响下的稳定性条件　　　　　　　　26

　　2.3　数值仿真　　　　　　　　　　　　　　　　　　　34

　　2.4　本章小结　　　　　　　　　　　　　　　　　　　37

第3章　随机时滞 Hopfield 神经网络的 SSBE 方法稳定性　　**39**

　　3.1　引言　　　　　　　　　　　　　　　　　　　　　39

　　3.2　随机时滞 Hopfield 神经网络稳定性　　　　　　　40

　　3.3　SSBE 方法的稳定性　　　　　　　　　　　　　　41

　　3.4　数值仿真　　　　　　　　　　　　　　　　　　　45

　　3.5　本章小结　　　　　　　　　　　　　　　　　　　48

第4章　Markov 切换随机时滞神经网络的 EM 方法稳定性　　**49**

　　4.1　引言　　　　　　　　　　　　　　　　　　　　　49

　　4.2　Markov 切换随机时滞神经网络指数稳定性　　　　50

　　4.3　EM 方法稳定性　　　　　　　　　　　　　　　　53

　　4.4　数值仿真　　　　　　　　　　　　　　　　　　　56

4.5　本章小结　59

第 5 章　Markov 切换随机时滞神经网络的随机 θ – 方法稳定性　60

5.1　引言　60

5.2　Markov 切换随机时滞神经网络稳定性　61

5.3　随机 θ – 方法稳定性　63

5.4　数值仿真　67

5.5　本章小结　70

第 6 章　Markov 切换随机时滞神经网络的 SS – θ – 方法的稳定性　72

6.1　引言　72

6.2　Markov 切换随机时滞神经网络的稳定性　73

6.3　SS – θ – 方法稳定性　75

6.4　数值仿真　78

6.5　本章小结　81

第 7 章　基于投资者情绪指数的上证综指预测　82

7.1　引言　82

7.2　数据来源与百度指数　83

7.3　基于岭回归和随机森林法的关键词选择　85

7.4　BP 神经网络模型建立和检验　91

7.5　本章小结　97

第 8 章　基于改进果蝇优化算法的欧盟碳价预测　99

8.1　引言　99

8.2　果蝇优化算法　100

8.3　BP 神经网络与 SVM 理论　103

8.4　基于改进果蝇优化算法的混合模型　107

8.5　基于混合模型的碳价预测　114

8.6　本章小结　　　　　　　　　　　　　　　　　　　　　130

第 9 章　基于 CRNN – Attention 模型的文本情感分类　132

9.1　引言　　　　　　　　　　　　　　　　　　　　　　132

9.2　词向量化方法　　　　　　　　　　　　　　　　　　134

9.3　基于神经网络的文本情感分类模型　　　　　　　　　136

9.4　基于神经网络和 Attention 模型的文本情感分类建模　141

9.5　基于 CRNN – Attention 和 LDA 模型的主题情感分类　153

9.6　本章小结　　　　　　　　　　　　　　　　　　　　159

第 10 章　基于 TextCNN 与 LDA 的民宿行业服务质量分析　161

10.1　引言　　　　　　　　　　　　　　　　　　　　　161

10.2　LDA 主题模型原理简介　　　　　　　　　　　　　162

10.3　TextCNN 模型简介　　　　　　　　　　　　　　　164

10.4　数据来源与预处理　　　　　　　　　　　　　　　165

10.5　基于 TextCNN 和 LDA 主题模型分析　　　　　　　167

10.6　本章小结　　　　　　　　　　　　　　　　　　　176

参考文献　　　　　　　　　　　　　　　　　　　　　　　178

第1章 绪 论

1.1 研究目的和意义

自 1892 年，俄罗斯数学力学家 Lyapunov 的博士论文《运动稳定性的一般问题》问世，给出了运动稳定性的严格的精确的数学定义和一般方法，国内外已有系列的结果，并且人们也致力于推广 Lyapunov 稳定性理论[1,2]。而 Ito[3] 在 20 世纪 40 年代引入随机积分后，随机系统的稳定性理论得到了快速发展，国内外已有系列结果，在神经网络[4-13]和控制工程[14-20]等方面都有广泛的应用，并且人们也一直致力于推广 Lyapunov 稳定性定理，进而产生了 Lasalle 不变原理[21-28]，Razumikhin 定理[29-35]和线性矩阵不等式（LMI）方法[36,37]以及这些方法的综合。

目前，对随机神经网络[38-42]的研究，为了降低稳定性分析的保守性，利用各种基于 Lyapunov – Krasovskii 泛函的方法，学者们得到了许多时滞相关的稳定性条件。例如，比较有代表性的是基于模型变化的方法，输入—输出方法，自由权矩阵方法，投影方法等。最近，时滞分区间方法被成功用于具有时滞的神经网络的稳定性分析中，数值算例表明了该方法的有效性。然而，数值算例是否有效并没有给予严格的解释。本书就是基于此研究随机神经网络的数值算法。

目前，无论是利用 Lyapunov 直接法，还是利用 Razumikhin 方法[29-35]和线性矩阵不等式方法[36,37]来研究随机神经网络的稳定性，都需要构造 Lyapunov 函数或 Lyapunov 泛函来建立随机神经网络的稳定性判据。然而，一般 Lyapunov 函数或 Lyapunov 泛函并不容易构造。同时，由于随机神经网络的复杂性，一般此类系统都无法得到其显示解。幸运的是利用 Monte Carlo 方法[43]可以较好地模拟其随机现象。近年来对于随机系统数值方法的研究已经有了大量的结果，但是并不能直接将随机系统数值方法的相关结论直接应用于随机神经网络，主要是在于两点：其一是随机神经网络本身的稳定性结论还太保守，还比较难得到较好的稳定性结论；其二是随机神经网络自身结果更为复杂，具有其特性。从而导致在研究中遇到许多实质性的困难要克服，需要有新的技巧和创新。在缺乏合适的Lyapunov 函数或 Lyapunov 泛函的情况下，我们可以通过选择数值方法和步长来比较准确地复制真实解的稳定性，因此数值方法是一个非常重要的研究随机神经网络的工具。数值方法可以给出获得随机神经网络数值解的程序，对建立解的某些特性提供了一种方法[44-47]，进而为利用数值方法来研究随机神经网络的稳定性提供一种新的可能方法。本书将随机系统数值方法应用于随机神经网络，探讨随机神经网络数值方法的稳定性。这为用随机神经网络数值方法研究随机神经网络稳定性提供了新途径，因此具有重要的理论意义和实用价值。

1.2　神经网络及随机数值模拟研究现状

1.2.1　神经网络研究现状

神经网络的基本组成单元是神经元，在数学上的神经元模型是和在生物学上的神经细胞对应的，或者说，人工神经网络理论[48-54]是用神经元这种抽象的数学模型来描述客观世界的生物细胞的。神经网络的研究始于 20 世纪 40 年代初，至今已经有半个多世纪的历史。1943 年，神经解剖学家 McCulloch 和数理逻辑学家 Pitts 在数学生物物理学会刊《Bulletin of Mathematical Biophysics》上刊发文章，总结了生物神经元的一些基本特性，提出了形式神经元的数学结构，即M－P 模型，迈出了人类研究神经网络坚实的第一步[55]。1949 年，生理学家Hebb 提出改变神经元强度的 Hebb 规则，即如果两个神经元都处于兴奋状态，那么它们之间的突触连接强度就会得到加强。这是最早建立的神经元学习规则[56]，根据这一假设提出的学习规则为神经网络的学习算法奠定了基础，至今仍为许多学习算法所采用。1958 年，计算机学家 Rosenblatt 提出了第一个智能型的人工神经网络系统：感知机（Perceptron）模型网络，它是由阈值性神经元组成[57]。第一次将神经网络的研究从理论研究转入工程实现阶段，掀起了研究人工神经元网络的高潮。1960 年，美国工程师 Widrow 和 Hoff 提出了自适应线性神经模型和一种学习方法。在数学上就是最速下降法，提高了训练收敛速度和精度，他们从工程实际出发，模拟了这种神经网络且做成了硬件，成为第一个用于解决实际问题的人工神经网络[58]。1969 年，Minsky 和 Papert 出版的《感知器》一书从数学上证明感知器不能实现异域逻辑问题而使神经网络的研究陷入低谷，使神经网络的研究进入一个低潮阶段[59]。标志人工神经网络第二次研究高潮到来的是美国生物物理学家 Hopfield 教授于 1982 年[60]和 1984 年[61]发表在美国科院院刊上的两篇举世瞩目的论文。这个神经网络是基于磁场的结构特征提出来的，可以用微电子器件来实现它，很容易被工程技术人员理解。这种连续型神经网络可以用如下微分方程描述：

$$C_i \frac{du_i}{dt} = -\frac{u_i}{R_i} + \sum_{j=1}^{n} T_{ij}V_i + I_i, i = 1,2,\ldots,n \tag{1-1}$$

其中 R_i 和电容 C_i 并联，模拟生物神经元的延时特性；电阻 $R_{ij} = \frac{1}{T_{ij}}$ 则模拟了突触特性；电压 u_i 为第 i 个神经元的输入；放大器 $V_i = g(u_i)$ 为其输出，它是一个非线性、连续可微、严格单调递增的函数，模拟生物神经元的非线性饱和特性。他在研究中还引入能量函数的概念，这在神经网络研究领域成为一个重要的里程碑。1988 年，美国电子学家 Chua 和 Yang 提出了细胞神经网络模型。细胞神经网络是一个大规模非线性计算机仿真系统，具有细胞自动机的动力学特征。它的出现对神经网络理论的发展产生了很大的影响，并在图像和电视信号处理、机器人及生物视觉、高级脑功能等领域得到了广泛应用。Rumelhart 和 McClelland 等人提出了 BP（误差反向传播）学习算法[262]。该算法解决了多层神经网络学习训练过程中，中间隐含层各连接权重的调节方法问题，从而突出了 Minsky 等人所持悲观论点的前提条件，该算法至今仍得到广泛的应用。自 Hopfield 神经网络模型和 BP 算法提出之后，一大批研究非线性电路的科学家、物理学家及生物学家在理论和应用上对 Hopfield 网络进行了比较深刻的讨论和改进，提出了各种神经网络模型，其中著名的有：1984 年 Hinotn 提出的 Boltzmann 机[62]；Chua 和 Yang 于 1988 年提出的细胞神经网络模型[63,64]；Kosko 提出了双向联想记忆神经网络模型[65,66]；1983 年 Cohen Grossberg 提出的 C - G 竞争神经网络模型[67,68]；

$$\frac{d_i}{dt} = d_i(x_i)\left[-b_i(x_i) + \sum_{j=1}^{n} a_{ij}f_j(x_j)\right], i = 1,2,\ldots,n \qquad (1-2)$$

它包含了许多神经网络模型，如 Hopfield 神经网络、细胞神经网络等。人们所说的随机神经网络一般有两种：一种是采用随机性神经元激活函数；另一种是采用随机型加权连接，即是在普通人工神经网络中加入适当的随机噪声，如在 Hopfield 网络中加入逐渐减少的白噪声。后一种是我们研究的主要对象，它是用一组随机微分方程来表示。其一般形式可以描述为：

$$dx(t) = \left[-Ax(t) + W_0 f(x(t))\right]dt + \sigma(t,x(t),x(t-h))d\omega(t) \qquad (1-3)$$

随机神经网络是一门新兴交叉学科，人类智能研究的重要组成部分，已经成为脑科学、神经科学、理学、计算机科学、数学和物理学等共同关注的焦点。从近年来的发展和神经网络国际会议来看，神经网络的研究有两个大的趋势：是在理论上向更复杂的神经网络系统方向发展。表现在神经网络与模糊、算法的结合，神经网络与生物医学的结合，及各种混合神经网络的出现。二是神经网络的应用范围不断扩展，神经网络应用技术研究不断深入，与多种学科相交叉，解决了很多传统科学解决不了的难题，为人类认识世界、拓宽未知领域、发展现代科学技术以科技带动生产力，对国民经济的增长起到了促进作用，是世界上公认的尖端前沿的技术研究领域之一。目前，神经网络已经广泛应用于自动控制领域、组合优化问题、模式识别、图像处理、机械控制、信号处理以及电力系统和气象等方面。

目前，线性矩阵不等式技术是常用的随机神经网络动力学分析的工具。至今已经有大量的关于随机神经网络稳定性的结论。文献［69］讨论了非线性时滞细胞神经网络的稳定性。文献［70，71］讨论了非单调输出函数和非一致性的细胞时滞神经网络的稳定性。文献［72］讨论了变时滞细胞神经网络的完全稳定性。文献［73］多变时滞回归神经网络的全局渐进稳定性。文献［74］讨论了广义 Cohen - Grossberg 变时滞神经网络的有界性和全局指数稳定性。文献［75］讨论了随机 Cohen - Grossberg 变时滞神经网络的 p 阶指数稳定性。文献［76］讨论了带有离散时滞和分布时滞的广义回归神经网络的全局指数稳定性。文献［77，78］分别讨论了区间变时滞神经网络的稳定性和离散变时滞回归神经网络的时滞依赖指数稳定性。文献［80］给出了不确定随机时滞神经网络的时滞依赖稳定性条件。文献［80］利用 LMI 技巧建立了变时滞神经网络鲁棒稳定性。文献［81］研究了具有离散和分布时滞不确定 Hopfield 神经网络的随机稳定性。文献［38］讨论了混合时滞随机神经网络的指数稳定性。文献［40］建立了在噪声干扰下时滞回归神经网络的鲁棒稳定性判据和给出了其鲁棒周期性。文献［82］建立了时滞 Cohen – Grossberg 神经网络的鲁棒全局指数稳定性判据。同时，由于突变现象，如分支和系统内部联系紊乱，参数的转移以及不同时刻对系统输入和输出测量师存在随机误差，使得神经网络系统具有可变结构，针对这种情况，人们常常用混杂动态模型进行描述。即系统的状态空间即有离散状态，也包含连续状态。在这种系统中，我们称之为含 Markov 跳跃神经网络。这种神经网络吸引了不少学者的研究兴趣。文献［83］讨论了带有 Markov 跳跃 BAM 神经网络的随机指数稳定性。文献［41，84，85］分别讨论了切换不确定性 Hopfield 时滞神经网络，切换 Cohen – Grossberg 神经网络和随机神经网络的鲁棒稳定性。文献［42］讨论了 Markov 切换时滞 BAM 随机神经网络的全局稳定性。文献［86］讨论了带有离散和分布时滞的跳跃回归神经网络的状态估计。文献［87］讨论了 Markov 跳跃随机时滞 Hopfield 神经网络的稳定性。对激励函数是不连续时，可以用非光滑分析工具研究，这也有大量的成果被报告[88-94]。

1.2.2 深度学习研究现状

近年来，深度学习由于优异的算法性能，已经广泛应用于图像分析、语音识别、目标检测、语义分割、人脸识别、自动驾驶等领域。Hinton 和 Salakhutdinov 解决了多层神经网络训练的难题后，学术界对深度神经网络研究深入并取得了突破性进展。

深度置信神经网络（Deep Belief Networks，DBN）是由多层无监督的受限玻尔兹曼机（RBM）和一层有监督的 BP 网络组成的一种生成模型。其训练过程通常是贪婪式的逐层训练，在预训练阶段采用逐层训练的方式对各层中的 RBM 进行训练，不仅使得 DBN 的高效学习成为可能，而且还可以避免网络收敛到局部最优. 微调阶段采用有监督的学习方式，利用 BP 网络对 RBM 通过预训练得到的特征向量进行分类，在 BP 的前向传播过程中，输入特征向量被逐层传播到输出层，得到预测的分类类别。将实际得到的分类结果与期望值比较得到误差，并将该误差逐层向后回传进而对整个网络的权值进行微调。在具体的应用领域，微调阶段的目标函数可以是无监督的或有监督的方法。

卷积神经网络（Convolutional Neural Networks，CNN）是从生物学上视觉皮

层的研究中获得启发而产生的，其重要特性是通过局部感受野、权值共享以及时间或空间亚采样等思想减少了网络中自由参数的个数，从而获得了某种程度的位移、尺度、形变不变性。每个卷积层包含了激活函数 ReLU 以及局部响应归一化处理，然后再经过降采样（重叠池化处理）。该网络引入了新的非线性激活函数 ReLU 替代之前普遍采用的 Sigmond 或 tanh 函数，有利于更快速的收敛，减少了训练时间，同时在最后两个全连接层引入 Dropout 防止过学习的训练策略。在卷积层之后，高层逻辑推理通过全连接层完成，即全连接层的神经元与前一层的所有输出相连接。全连接层后还需要使用代价函数来度量深度神经网络训练输出值和真实值之间的差异，在不同的应用中使用不同的代价函数。

循环神经网络（Recurrent Neural Network，RNN）是一种以序列（Sequence）数据为输入，在序列的演进方向进行递归（Recursion）且所有节点（循环单元）按链式连接形成闭合回路的递归神经网络（Recursive Neural Network）。RNN 的关键点之一就是他们可以用来连接先前的信息到当前的任务上，我们仅仅需要知道先前的信息来执行当前的任务。在理论上，RNN 绝对可以处理长期依赖问题，但实践表明训练长期依赖的普通 RNN 神经网络是困难的，因此也提出了RNN 变体长短记忆神经网络（LSTM）。GRU 是 LSTM 网络的一种效果很好的变体，它较 LSTM 网络的结构更加简单，而且效果也很好，因此也是当前非常流行的一种网络。GRU 既然是 LSTM 的变体，因此也是可以解决 RNN 网络中的长依赖问题。

生成对抗网络（Generative Adversarial Networks，GAN）是一种深度学习模型，是近年来复杂分布上无监督学习最具前景的方法之一。模型通过框架中（至少）两个模块：生成模型（Generative Model）和判别模型（Discriminative Model）的互相博弈学习产生相当好的输出。原始 GAN 理论中，并不要求 G 和 D 都是神经网络，只需要是能拟合相应生成和判别的函数即可。但实用中一般均使用深度神经网络作为 G 和 D。

强化学习（Reinforcement Learning，RL），又称再励学习、评价学习或增强学习，是机器学习的范式和方法论之一。深度学习模型可以在强化学习中得到使用，形成深度强化学习。

1.2.3 随机系统数值方法的研究现状

在实际的系统中都不可避免地受到各种外界的随机不确定因素的干扰，例如，环境噪音、系统输入中存在的随机误差、系统参数的不确定性等。各种随机因素对自然和社会科学现象都会产生显著的影响，有的影响甚至是颠覆性的。例如，噪音的存在，可能使得电路、电力系统由稳定运行转化为混沌震荡，最后引发电路、电网崩溃。那么将次要因素和外界干扰归结为随机扰动进行考虑就显得非常必要。同时，时滞的存在对系统的控制无论在理论上还是在工程实践中也都造成很大的困难。通常情况下时滞的出现常常会导致系统不稳定或较差的性能。时滞系统一直是自动控制理论研究的热点之一。随着研究的深入，人们逐渐认识到，随机因素不仅仅是对确定性系统的补充，有时更是反映了自然与科学现象的内在本质属性。

近年来，一些学者将 Lasalle 与 Razumikhin 方法应用于一般随机系统的动力学行为研究，并将确定系统的 Lasalle 与 Razumikhin 方法应用于非线性随机混合系统[95,96]的稳定性研究。与此同时，时滞随机系统的稳定性，具有 Markov 切换随机系统的稳定性以及随机不确定系统的鲁棒稳定性研究都取得了发展，并在信号、复杂网络、工程[97-102]和生物系统[103-111]等领域上得到了广泛的应用。然而在相应文献中讨论随机系统稳定性大多是需要构造 Lyapunov 函数或 Lyapunov 泛函的，而其构造一般是不容易的。而随着计算科学的发展，数值方法为这一课题的研究带来了新的思路和方法。数值方法不仅能给出获得随机系统数值解的程序，而且对建立解的存在性和唯一性提供了一种方法。这个领域中主要研究是关注于数值解在有限时间内的收敛性问题及随机系统解的长时间性质。

近年来，对确定性系统[112-120]和对随机系统[122-129]各种数值方法的研究已经有许多结果。然而利用数值方法来研究神经网络的文献却很少见，对神经网络算法的研究主要集中于学习算法的探讨。Maruyama[130]首次对随机系统提出了其 Euler-Maruyama（EM）方法，至此对随机系统的数值方法的研究越来越受到关注。我们知道随机系统的 EM 方法的收敛阶为 1/2，不能很好地满足实际需要，故而需要高阶收敛的随机数值迭代格式，一般这一工作是艰难的。文献[131]首先给出了具有一阶收敛的 Milstein 方法。文献[132]将 Runge-Kutta 方法发展到随机情形。文献[133,134]进一步扩广了微分系统数值方法的一些理论到随机情形。文献[135]针对带有可加噪声的随机系统给出了强二阶收敛的数值方法。文献[136,137]首次针对刚性随机系统提出了平衡隐式方法，并讨论了其收敛性。著作[46,47]详细论述了随机系统各种数值方法的收敛性问题。文献[138]首次提出和证明了在局部 Lipschitz 条件和线性增长条件下随机系统的 Euler – Maruyama 方法的数值解收敛性。文献［139 – 141］研究了线性随机系统，随机时滞系统的各种数值方法的收敛性和均方稳定性，给出了数值方法保持真实解的均方稳定性的一个充分条件。文献［143］研究了带有分布时滞随机泛函系统，构造了系统的 θ – Maruyama 方法并证明了其数值方法的收敛性；随后文献［144］对随机泛函系统构造了系统的一步逼近方法并给出了其数值方法的收敛性。文献［145 – 147］研究了随机系统 Runge – Kutta 方法的构造及其相关性质。文献［148］利用 Halanay 不等式研究了线性随机时滞系统的 Euler 方法的收敛性及其真实解和其数值解的 p 阶矩指数稳定性。文献［149 – 151］对随机时滞系统的各种数值方法进行了介绍。文献［152］研究了随机时滞系统的强收敛性和性质。文献［153］介绍了随机系统的各种数值方法的构造和线性随机系统的数值方法稳定的等价性命题。对刚性随机系统，文献［154］讨论了其隐式 Taylor 方法，研究了其数值方法的收敛性。文献［155 – 158］讨论了随机积分系统，随机系统和随机泛函系统的 Taylor 方法的收敛性及其收敛的阶。文献［159］研究了一类线性随机时滞系统的半隐式 Euler 方法的 T – 稳定性。文献［160］讨论了双线性随机系统的上 Lyapunov 指数的逼近问题。文献［161］构造了随机泛函系统的 Euler – Maruyama 方法，并在局部 Lipschitz 条件和线性增长条件下讨论了其数值方法的收敛性问题。文献［162］在局部 Lipschitz 条件和线性增长条件下构造了随机时滞系统的 Euler – Maruyama 方法，并讨论了其数值方法的收敛性问题。2010 年在文献［163］中 Mao 用 Khasminskii 型条件代替了线性增长条件，并结合局部 Lipschitz 条件研究了随机时滞系统的 Euler – Maruyama 方法的收敛性。文献［164］首次对中立型随机泛函系统构造了 Euler – Maruyama 方法，建立了在局部 Lipschitz 条件和线性增长条件下系统的数值方法的收敛性，并在全局 Lipschitz 条件和线性增长条件下给出了系统的数值方法的收敛的阶，然而并没有给出在局部 Lipschitz 条件下数值方法的收敛的阶。而文献［165］在局部 Lipschitz 条件和线性增长条件下首次讨论了随机系统的 Euler – Maruyama 方法的收敛的阶，这为随机系统的 Euler – Maruyama 方法的收敛性和其收敛的阶的研究作出了较好的结论，然而，对中立型随机泛函系统的数值方法的收敛的阶的问题目前还没有结论。Higham 在文献［166，167］中详细地讨论了线性随机系统的数值方法的均方稳定性和渐进稳定性，并对随机系统给出了数值模拟。而后，他和 Mao 在文献［168］中对一类具有均值回归过程的随机系统建立了其数值方法的收敛性，并且给出了系统和其数值方法的回归特性。文献 [169] 针对随机系统数值方法，首先研究了线性随机系统 Euler - Maruyama 方法的几乎处处指数稳定性和 p 阶（$0 < p \leq 2$）矩指数稳定性，显示了线性随机系统数值解分享了其真实解的几乎处处指数稳定性和小阶矩指数稳定性；然后在线性增长条件下将其结论推广到了非线性随机系统；最后通过例子显示了在非线性增长条件下非线性随机系统的 Euler - Maruyama 方法不再分享真实的稳定性，但是在单边 Lipschitz 条件下建立了随机系统 Backward Euler 方法的几乎处处指数稳定性和小阶矩指数稳定性，并推广到高维随机系统。文献 [170，171] 建立了随机系统和随机时滞系统数值方法稳定性的一个充要条件，并将其结论推广到了变时滞随机系统。

　　在实际中系统不仅仅受白噪声的影响，还可能受有色噪声的影响。对此，我们常常用 Markov 切换随机系统[172-179]来刻画。Kazangey 和 Sworder[180]给出了一种切换系统，它是用国民经济宏观模型来研究联邦政策的有效性，其中用于描述利率影响的就是用有限状态 Markov 链来模拟的。Athans[181]认为混合系统将为解决控制问题（例如军事化战斗指挥，控制和通讯（BM/C3）系统）提供一种基本的框架。同时，混合系统也能被看作为电力系统模型。在文献 [182] 中，Mariton 认为在不同的领域（诸如目标追踪，故障控制，制造加工等），对各种设计问题的规划，混合系统都能被作为一种有用的数学模型，其中重要的一种混合系统就是 Markov 切换随机系统。在运算中，系统将从一个模式随机的切换到另一个模式，其切换的模式由 Markov 链所确定。对 Markov 切换随机系统稳定性研究已经得到了许多的结论，譬如：文献 [183] 对 Markov 切换随机系统的稳定性进行了系统的研究。文献 [184] 研究了中立型 Markov 切换随机时滞系统的稳定性。文献 [185 - 187] 分别讨论了 Markov 切换随机时滞系统的稳定性，鲁棒稳定性和比较原理。

　　众所周知，绝大部分 Markov 切换随机系统没有显示解，因此数值方法成为一种强有力的研究方法。虽然随机系统的数值方法被大量的研究，然而对 Markov 切换随机系统并不能照搬随机系统的数值方法，这主要是由于两个方面的原因：其一是数学上的困难，对 Markov 切换项需要新的技巧和方法；其二是大部分 Markov 切换随机系统不满足全局 Lipschitz 条件。文献 [188] 首次建立了 Markov 切换随机系统的 Euler - Maruyama 方法，利用随机分析工具在全局 Lipschitz 条件和局部 Lipschitz 条件下讨论了系统数值方法的收敛性问题，同时还揭示了在全局 Lipschitz 条件下系统收敛的阶。进而，对 Markov 切换随机系统数值方法的研究越来越受到关注。Rathinasamy 和 Balachandran 在文献［189］中利用 M 矩阵理论给出了一个非线性 Markov 切换随机多时滞系统指数稳定性的充分条件，并证明了系统半隐式 Euler 方法的收敛性，通过不等式和数值分析的方法证明了线性 Markov 切换随机多时滞系统数值方法的 MS - 稳定性和 GMS - 稳定性。同时，在文献［190］中也给出了线性 Markov 切换随机积分系统的 Milstein 方法的收敛性和随机积分系统的数值方法的 MS - 稳定性和 GMS - 稳定性。文献［191］在局部 Lipschitaz 条件下研究了一类 Markov 切换随机系统的 Euler - Maruyama 方法的收敛性和均方稳定性。文献［192 - 195］研究了具有 Markov 切换随机系统 Euler - Maruyama 方法的收敛性。文献［196］研究了一类 Markov 切换随机系统的 Taylor 方法的收敛性，推广了随机系统 Euler - Maruyama 方法收敛的结论。文献［197］在非线性增长条件下研究了 Markov 切换随机时滞系统的数值方法的收敛性问题。文献［198］构造了一类 Markov 切换随机系统的数值算法，研究了系统解的存在唯一性。文献［199］在线性增长条件下将文献［169］的结论推广到 Markov 切换随机系统，得到了 Markov 切换随机系统 Euler - Maruyama 方法的几乎处处指数稳定性和小阶矩指数稳定性。对随机系统数值方法的耗散性，时滞相关稳定性，数值方法的输入到状态稳定性，数值方法的收缩性和 Poisson 切换随机系统数值方法也有相关的报道[200 - 218]。同时，对具有 Markov 切换和 Poisson 过程的随机系统也有许多人研究[219 - 222]。目前建立随机系统数值方法的充要条件还是一个开放性的课题。

目前，对随机神经网络数值方法的研究还很少。文献［223］讨论了随机时滞系统 Euler 数值方法的均方稳定性。文献［224］讨论了随机时滞神经网络 split - step θ - 方法的稳定性。研究随机神经网络各种数值方法的各种稳定性还是开放性的课题。

1.3　预备知识

1.3.1　神经网络模型简介

（1）BP 神经网络。从根本上讲，神经网络是一个相互连接的节点网络，平行于人脑中巨大的神经元网络。在人工神经网络（ANN）中，分配给网络的每个节点代表一个神经元。一般来说，神经元通过突触连接接收来自其他类似神经元的信号。一个神经元通常连接到一个单独的处理元素，称为感知器。在网络中，神经元扮演着重要的角色，它们接受和处理输入，并创建输出。总的来说，两个神经元之间的连接承载着信息隐式编码的权重。然后，信息用存储在这些权重中的特定值进行模拟，使网络具有学习、泛化、想象和在网络中创建关系等功能。

第一个人工神经网络模型是由 McCulloch 和 Pitts 于 1943 年提出的。这个模型是基于一个"计算元件"，也就是经典的 M – P 神经元模型。从那时起，这个模型激励了许多研究人员设计出具有人脑功能的快速计算模型，这些模型被称为神经网络。相反，人工神经网络以前馈模式运行，从输入层到隐藏层再到输出层。隐藏层的行为有点像一个"黑匣子"，有时会对人脑造成复杂性。一组神经元或感知集合在一个相互连接的网络中，形成一个神经网络模型。神经网络模型是一种非线性结构，将输入层、输出层和隐藏层结合在一起。

BP 神经网络是一种重要且广泛应用的神经网络模型。它在非线性数据分析中有着广泛的应用前景。在 BP 神经网络中，信息通过输入层通过隐藏层传递到输出层（正向），进一步的处理指向输出层，生成网络估计输出并与实际输出进行比较，误差计算为实际输出和估计输出之间的差值。然后，估计误差从输出层传播到输入层，因此术语称为"反向传播"。

BP 神经网络的基本思想：在输入样本之后，训练的过程包括两个阶段：信号的前向传播和误差的反向传播。在前向传播过程中，输入样本由输入层传至隐藏层，由每个隐藏层逐个处理，然后计算出相应的输出值；如果输出层的输出与预期输出不匹配，那么就进入到误差的反向传递过程；反向传播为将实际输出值与期望输出值的误差按原路线传播，用梯度下降的办法反向调整每层每个神经元的权重以及阈值。因此，网络输出会逐渐接近期望的输出，并重复该过程，并不断调整权重。这个过程一直持续到输出的误差降低到可接受的水平，或者直到达到预定的最大学习次数。

前馈向后传播网络是一种学习算法，也称 BP 训练，它依靠多层网络"逆推"解决问题。它分两步对数据进行训练，第一步是首先正面传播数据信息，接着进入第二步，将第一步得到的误差进行反向传播。前馈向后传播网络通常先把数据信息传入到神经网络的输入层，由每个隐藏层逐个处理，然后计算出相应的输出值；如果输出层的输出与预期输出不匹配，那么就进入误差的反向传递过程；反向传播为将实际输出值与期望输出值的误差按原路线传播，用梯度下降的办法反向调整每层每个神经元的权重以及阈值。因此，网络输出会逐渐接近期望的输出，并重复该过程，并不断调整权重。这个过程一直持续到输出的误差降低到可接受的水平，或者直到达到预定的最大学习次数。

（2）RBF 神经网络。径向基神经网络（Radial Basis Function，RBF）是由 Moody 和 Darken 提出的，是前馈神经网络的一种，用来解决函数逼近和模式分类等一系列问题，具有优良的逼近能力和全局最优性能，能够以任意精度逼近任意连续函数；学习训练效率较高，学习速度也比其他一般算法快得多，特别适合于解决复杂模型建模问题，目前该方法已经普遍地用来进行系统辨识和参数估计。

RBF 的网络结构由单隐层的三层前馈网络所构成，其中，输入层由信号源节点组成，隐藏层节点数视所描述问题的需要而定，隐藏层中神经元的变换函数即径向基函数是对中心点径向对称且衰减的非负线性函数，该函数是局部响应函数，具体的局部响应体现在其可见层到隐藏层的变换跟其他的网络不同。输出层是对输入模式做出的响应，基于该种特殊结构组成，采用 RBF 网络可以加快学习速度并能避免局部极小问题，符合实时建模的要求，它能够通过学习训练辨识出辨识对象的输入输出数据的基础上，且误差函数也能满足要求的前提下，得到一个能够描述对象输入输出关系的非线性模型。

径向基函数神经网络基本原理：径向基函数作为隐藏层的主要部分，输入层和隐藏层之间不仅通过权值进行连接，而且通过输入层和隐藏层之间的距离进行连接。只要隐藏层的中心位置确定，输入层和隐藏层之间的权值和距离也随之确定。此外，输入层和隐藏层之间也是通过权值和距离来进行确定的，它们的关系是线性的，在此处的隐藏层权值是可以进行调节的。这样，输入到输出之间的映射关系是非线性的，但是对于加权和距离确定后的隐藏层与输入层、输出层的关系是线性的，可以方便简单地解出方程的解，避免了非线性方程的大量计算和误差，加快了神经网络的计算速度，提高了神经网络对任意函数的逼近速度，提高了系统的实用性。

（3）GRNN 神经网络。广义回归神经网络是径向基神经网络的一种，具有很强的非线性映射能力和柔性网络结构以及很好的逼近能力、分类能力和学习速度，网络最后收敛于样本量积聚较多的优化回归面，适合处理非线性问题，并且在样本数据较少时，预测效果也较好。

GRNN 网络连接权值的学习修正使用 BP 算法，由于网络隐含层结点中的作用函数采用高斯函数，从而具有局部逼近能力，此为该网络之所以学习速度快的原因。此外，由于 GRNN 中人为调节参数很少，只有一个阈值。网络的学习全部依赖数据样本，这个特点决定网络以最大可能地避免人为主观假定对预测结果的影响。

GRNN 网络由输入层、模式层、求和层和输出层构成。假设 X 为输入向量，Y 为输出向量，如图 1-1 所示。

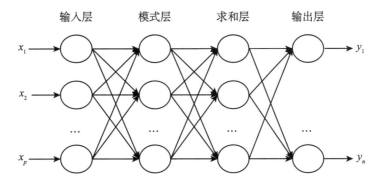

图 1-1　广义回归网络结构图

输入层由学习样本构成，输入层神经元个数等于学习样本的输入向量 X 的维数。模式层神经元数目是学习样本的数目 n，各神经元对应不同的样本，模式层神经元传递函数为高斯函数，即：

$$p_i = \exp\left[-\frac{(X-X_i)^T(X-X_i)}{2\sigma^2}\right], i = 1,2,\ldots,n \qquad (1-4)$$

其中，X_i 为第 i 个神经元对应的学习样本，σ 为光滑因子。求和层是对模式层的神经元进行求和。输出层神经元个数等于学习样本中输出向量 Y 的维数。GRNN 网络的训练过程：

Step1：对输入输出向量进行标准化；

Step2：确定输入层和输出层的神经元个数；

Step3：计算样本集的输出值与期望值的偏差平方和，当偏差平方和小于给定阈值时结束训练过程，否则转入 Step4；

Step4：根据输出值与期望值的偏差，从输出层反向传播，逐层调整阈值和连接权值，直到输入层；

Step5：返回 Step2。

（4）RNN 神经网络。循环神经网络（Recurrent Neural Network，RNN）是由 Jordan，Pineda Williams，Elman 等神经网络专家于 20 世纪 80 年代末提出的一种神经网络结构模型，这种网络的本质特征是在处理单元之间既有内部的反馈连接又有前馈连接。从系统观点看，它是一个反馈动力系统，在计算过程中体现过程动态特性，不同于前馈神经网络的是，RNN 可以利用它内部的记忆来处理任意时序的输入序列，这让它可以更容易处理如不分段的手写识别、语音识别等，比前馈神经网络具有更强的动态行为和计算能力。循环神经网络现已成为国际上神经网络专家研究的重要对象之一，见图 1 - 2。

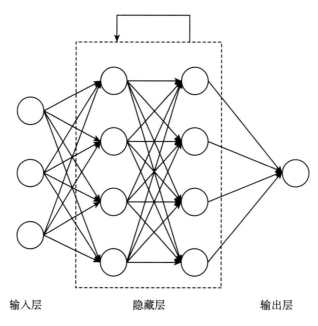

图 1 - 2　循环神经网络结构图

（5）LSTM 神经网络。LSTM（Long Short - Term Memory）是长短期记忆网络，是一种时间循环神经网络，适合于处理和预测时间序列中间隔和延迟相对较长的重要事件，见图 1 - 3。目前其已经在科技领域有了多种应用，它可以学习翻译语言、控制机器人、图像分析、文档摘要、语音识别、图像识别、手写识别、控制聊天机器人、预测疾病、点击率和股票、合成音乐等等任务。

LSTM 区别于 RNN 的地方，主要就在于它在算法中加入了一个判断信息有用与否的"处理器"，这个处理器作用的结构被称为 cell。一个 cell 当中被放置

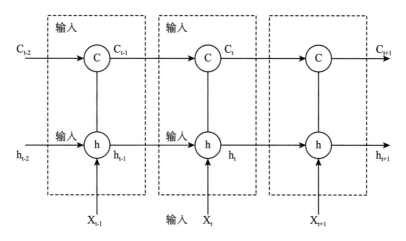

图 1-3　LSTM 神经网络结构图

了三扇门，分别叫作输入门、遗忘门和输出门。一个信息进入 LSTM 的网络当中，可以根据规则来判断是否有用。只有符合算法认证的信息才会留下，不符的信息则通过遗忘门被遗忘。利用这种工作原理，LSTM 可以在反复运算下解决神经网络中长期存在的大问题，目前已经证明，它是解决长序依赖问题的有效技术，并且这种技术的普适性非常高，导致带来的可能性变化非常多。各研究者根据 LSTM 纷纷提出了自己的变量版本，这就让 LSTM 可以处理千变万化的垂直问题。

（6）CNN 神经网络。卷积神经网络（Convolutional Neural Networks，CNN）是一类包含卷积计算且具有深度结构的前馈神经网络，是深度学习的代表算法之一，它对特征提取和数据重建的过程进行了省略，能够直接接收输入的图像。卷积神经网络具有表征学习能力，能够按其阶层结构对输入信息进行平移不变分类，因此也被称为"平移不变人工神经网络（Shift - Invariant Artificial Neural Networks，SIANN）"。

对卷积神经网络的研究始于 20 世纪 80 至 90 年代，其是仿造生物的视知觉机制构建，可以进行监督学习和非监督学习，其隐含层内的卷积核参数共享和层间连接的稀疏性使得卷积神经网络能够以较小的计算量对格点化特征，例如像素和音频进行学习、有稳定的效果且对数据没有额外的特征工程要求。近几年，卷积神经网络发展非常迅速，在语音分析和图像识别领域的表现非常突出，成为很火热的研究对象，并且在手写字符识别、人脸识别、行人检测等领域也得到很好的应用。

CNN 的结构主要包括输入层和隐含层。卷积神经网络的输入层可以处理多维数据，常见地，一维卷积神经网络的输入层接收一维或二维数组，其中一维数组通常为时间或频谱采样；二维数组可能包含多个通道；二维卷积神经网络的输入层接收二维或三维数组；三维卷积神经网络的输入层接收四维数组。由于卷积神经网络在计算机视觉领域有广泛应用，因此许多研究在介绍其结构时预先假设了三维输入数据，即平面上的二维像素点和 RGB 通道。与其他神经网络算法类似，由于使用梯度下降进行学习，卷积神经网络的输入特征需要进行标准化处理。具体地，在将学习数据输入卷积神经网络前，需在通道或时间/频率维对输入数据进行归一化，若输入数据为像素，也可将分布于 ［0，255］ 的原始像素值归一化至 ［0，1］ 区间。输入特征的标准化有利于提升算法的运行效率和学习表现。

卷积神经网络的隐含层包含卷积层、池化层和全连接层 3 类常见构筑，在一些更为现代的算法中可能有 Inception 模块、残差块（Residual Block）等复杂构筑。在常见构筑中，卷积层和池化层为卷积神经网络特有。卷积层中的卷积核包含权重系数，而池化层不包含权重系数，因此在文献中，池化层可能不被认为是独立的层。

CNN 结构的可拓展性很强，它通常由若干卷积层、池化层（下采样层）和全连接层组成，可以采用很深的网络结构，见图 1 – 4。

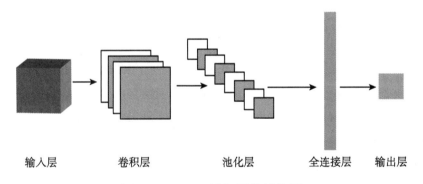

输入层　　　　卷积层　　　　池化层　　　全连接层　　输出层

图 1 – 4　CNN 神经网络结构图

（7）GRU 神经网络。GRU 使用门限机制来记录序列状态，而不使用单独的记忆细胞。这里有两种类型的门，重置门 r_t 和更新门 z_t，他们共同控制信息来更新状态，见图 1 – 5。在时间步 t，GRU 按公式（1 – 5）计算新状态：

$$h_t = (1 - z_t) \odot h_{t-1} + z_t \odot \tilde{h}_t \qquad\qquad (1-5)$$

这是一个在前一状态 h_{t-1} 和由新的序列信息计算出的状态 $\tilde{h}_t$ 之间的线性差

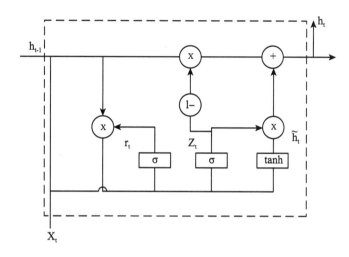

图 1-5　GRU 神经网络结构图

值。更新门 z_t 决定了保留多少前一状态的信息以及加入多少新信息。更新门 z_t 的更新由公式（1-6）得到：

$$z_t = \sigma(W_z x_t + U_z h_{t-1} + b_z) \tag{1-6}$$

其中，x_t 是时间步 t 时刻的序列向量。候选状态 $\tilde{h}_t$ 的计算类似于传统的 RNN，按公式（1-7）得到：

$$\tilde{h}_t = tanh[W_h x_t + r_t \odot (U_h h_{t-1}) + b_h] \tag{1-7}$$

这里，重置门 r_t 决定了过去的使用信息有多少部分来更新候选状态 $\tilde{h}_t$。如果 r_t 为 0，那么它将遗忘过去的所有信息。重置门 r_t 的更新公式（1-8）得到：

$$r_t = \sigma(W_r x_t + U_r h_{t-1} + b_r) \tag{1-8}$$

（8）GAN 神经网络。生成式对抗网络（Generative Adversarial Networks，GAN）是一种深度学习模型，是近年来复杂分布上无监督学习最具前景的方法之一，其模型通过框架中（至少）两个模块：生成模型（Generative Model）和判别模型（Discriminative Model）的互相博弈学习产生相当好的输出，其判别模型需要输入变量，通过某种模型来预测，生成模型是给定某种隐含信息，来随机产生观测数据。原始 GAN 理论中，并不要求 G 和 D 都是神经网络，只需要是能拟合相应生成和判别的函数即可，但在实际运用中一般均使用深度神经网络作为 G 和 D。一个优秀的 GAN 应用需要有良好的训练方法，否则可能由于神经网络模型的自由性而导致输出不理想，其目前最常应用于图像生成，如超分辨率任务，语义分割等，见图 1-6。

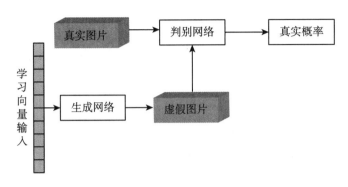

图 1 - 6 GAN 神经网络结构图

这里以生成图片为例来说明 GAN 的基本原理。假设我们有两个网络，G（Generator）和 D（Discriminator），它们的功能分别是：

G 是一个生成图片的网络，它接收一个随机的噪声 z，通过这个噪声生成图片，记做 G(z)；

D 是一个判别网络，判别一张图片是不是"真实的"。它的输入参数是 x，x 代表一张图片，输出 D(x) 代表 x 为真实图片的概率，如果为 1，就代表 100% 是真实的图片，而输出为 0，就代表不可能是真实的图片。

在训练过程中，生成网络 G 的目标就是尽量生成真实的图片去欺骗判别网络 D。而 D 的目标就是尽量把 G 生成的图片和真实的图片分别开来。这样，G 和 D 构成了一个动态的"博弈过程"。

1.3.2 Itô 公式

设 $(\Omega, F, \{F_t\}_{t \geq 0}, P)$ 是一完备概率空间，其中 $\{F_t\}_{t \geq 0}$ 是一个满足通常条件（即：单调增加且右连续，同时 F_0 包含所有的零概率集合）的 σ 代数流。设 $w(t) = (w_1(t), \ldots, w_m(t))^T$ 是定义于概率空间上的 m 维 Brown 运动。

考虑随机系统[31]：

$$dx(t) = f(x(t), t)dt + g(x(t), t)dw(t) \tag{1-9}$$

其中 $f: R^n \times R_+ \rightarrow R^n$ 与 $g: R^n \times R_+ \rightarrow R^{n \times m}$ 是 Borel 可测函数，$w = (w_1, w_2, \ldots, w_m)^T$ 是 m 维 Brown 运动，则其 Itô 公式为：

$$dV(x, t) = LV(x, t)dt + V_x(x, t)g(x(t), t)dw(t) \tag{1-10}$$

其中：

$$LV(x,t) = V_t(x,t) + V_x(x,t)f(x(t),t) + \frac{1}{2}\text{trace}(g^T(x(t),t)$$

$$V_{xx}(x,t)g(x(t),t))$$

令 $r(t), t \geq 0$ 是一个定义在取有限状态值的概率空间 $S = \{1,2,\ldots,N\}$ 上的右连续 Markov 链，其状态空间产生器 $\Gamma = (\gamma_{ij})_{N \times N}$ 如下：

$$P\{r(t + \Delta) = j \mid r(t) = i\} = \begin{cases} \gamma_{ij}\Delta + o(\Delta), & i \neq j \\ 1 + \gamma_{ii}\Delta + o(\Delta), & i = j \end{cases}$$

其中 $\Delta > 0$，这里的 $\gamma_{ij} \geq 0$，表示状态从 i 转移到状态 $j(i \neq j)$ 的转移速率，而 $\gamma_{ii} = -\sum_{j \neq i} \gamma_{ij}$. 我们假定 Markov 链 $r(\cdot)$ 独立于布朗运动 $w(t)$。

考虑具有 Markov 切换的随机系统[126]

$$dx(t) = f(x(t),t,i)dt + g(x(t),t,i)dw(t) \tag{1-11}$$

其中 $f: R^n \times R_+ \times S \to R^n$ 与 $g: R^n \times R_+ \times S \to R^{n \times m}$ 是 Borel 可测函数。若给定函数 $V(x(t),t,r(t)) \in C^{2,1}(R^n \times R_+ \times S; R)$，那么 $V(x,t,i)$ 亦为 Itô 过程，且

$$dV(x,t,i) = LV(x,t,i)dt + V_x(x,t,i)g(x(t),t,i)dw(t) \tag{1-12}$$

其中：

$$LV(x,t,i) = V_t(x,t,i) + V_x(x,t,i)f(x(t),t,i) + \frac{1}{2}\text{trace}[g^T(x(t),t,i)$$

$$V_{xx}(x,t,i)g(x(t),t,i)] + \sum_{j=1}^{N} \gamma_{ij}V(x,t,j) \tag{1-13}$$

其中：

$$V_x(x,t,i) = \left(\frac{\partial V(x,t,i)}{\partial x_1}, \ldots, \frac{\partial V(x,t,i)}{\partial x_n}\right), \quad V_{xx}(x,t,i) = \left(\frac{\partial^2 V(x,t,i)}{\partial x_i x_j}\right)_{n \times n}$$

连续时间 Markov 链 $r(t)$ 的生成子 $\Gamma = \{\gamma_{ij}\}_{N \times N}$ 可以表示为关于 Poisson 随机测度的随机积分。事实上，令 $\Delta_{ij}, i \neq j$ 是连续的左闭右开区间，其长度为 Δ_{ij}，并使得：

$$\Delta_{12} = [0, \gamma_{12}),$$

$$\Delta_{13} = [\gamma_{12}, \gamma_{12} + \gamma_{13})$$

$$\vdots$$

$$\Delta_{1N} = \Big[\sum_{j=2}^{N-1} \gamma_{1j}, \sum_{j=2}^{N} \gamma_{1j}\Big)$$

$$\Delta_{21} = \Big[\sum_{j=2}^{N} \gamma_{1j}, \sum_{j=2}^{N} \gamma_{1j} + \gamma_{21}\Big)$$

$$\Delta_{23} = \left[\sum_{j=2}^{N} \gamma_{1j} + \gamma_{21}, \sum_{j=2}^{N} \gamma_{1j} + \gamma_{21} + \gamma_{23} \right)$$

$$\vdots$$

$$\Delta_{2N} = \left[\sum_{j=2}^{N} \gamma_{1j} + \sum_{j=1, j\neq 2}^{N-1} \gamma_{2j}, \sum_{j=2}^{N} \gamma_{1j} + \sum_{j=1, j\neq 2}^{N} \gamma_{2j} \right)$$

依次类推，我们定义函数 $h: S \times R \rightarrow R$ 如下：

$$h(i,y) = \begin{cases} j-i, y \in \Delta_{ij} \\ 0, 其他. \end{cases} \tag{1-14}$$

则：

$$dr(t) = \int_R h(r(t-),y)\nu(dt,dy) = \int_R h(r(t-),y)\nu(dt,dy) \tag{1-15}$$

其初始值为 $r(0) = i_0$，这里 $\nu(dt,dy)$ 是 Poisson 随机测度其强度为 $dt \times m(dy)$ 是 m 是 R 的 Lebesgue 测度。

1.3.3 常用不等式

下面给出本书常用的几个引理：

引理 1.1：（Holder 不等式）设 $p, q > 1, \frac{1}{p} + \frac{1}{q} = 1, a_i, b_i \in R, k \geq 2$，则有

$$\left| \sum_{i=1}^{k} a_i b_i \right| \leq \left(\sum_{i=1}^{k} |a_i|^p \right)^{1/p} \left(\sum_{i=1}^{k} |b_i|^q \right)^{1/q}。$$

特别地，如果 $b_i = 1$，则

$$\left| \sum_{i=1}^{k} a_i \right| \leq k^{(p-1)/p} \left(\sum_{i=1}^{k} |a_i|^p \right)^{1/p}。$$

如果 $p \geq 1$，则

$$\left| \sum_{i=1}^{k} a_i \right|^p \leq k^{(p-1)} \sum_{i=1}^{k} |a_i|^p。$$

如果 $p \in (0,1)$，则

$$\left| \sum_{i=1}^{k} a_i \right|^p \leq k^p \max_{1 \leq i \leq k} |a_i|^p \leq k^p \sum_{i=1}^{k} |a_i|^p (p-1) \sum_{i=1}^{k} |a_i|^p。$$

引理 1.2：（Chebyshev 不等式）设 $X \in L^p(\Omega, R^n)$，且 $c > 0, p > 0$，则有

$$P\{\omega: |X(\omega)| \geq c\} \leq \frac{E|X|^p}{c^p}。$$

引理 1.3：（Borel–Cantelli 引理）设 F 为一 σ 代数，$A_n \subset F$，$A = \bigcap_{n=1}^{\infty} \bigcup_{k=n}^{\infty} A_k$，若

$\sum\limits_{n=1}^{\infty} P(A_n) < \infty$，则 $P(A) = 0$；若 $\sum\limits_{n=1}^{\infty} P(A_n) = \infty$ 且 $\{A_n\}$ 独立，则 $P(A) = 1$。

引理 1.4：（连续型 Gronwall 不等式）设 $T > 0$，$c \geqslant 0$，$u(\cdot)$ 是 $[0, T]$ 上的 Borel 可测且有界的非负函数，$v(\cdot)$ 是 $[0, T]$ 上的非负可积函数。如果对所有的 $0 \leqslant t \leqslant T$，$u(t) \leqslant c + \int_0^t v(s) u(s) ds$，那么对所有的 $0 \leqslant t \leqslant T$，$u(t) \leqslant c \exp\left(\int_0^t v(s) ds\right)$。

引理 1.5：（离散型 Gronwall 不等式）设 M 是一个正整数，u_k 和 $v_k (k = 0, 1, 2, \ldots, M)$，是非负数。如果：

$$u_k \leqslant u_0 + \sum_{j=0}^{k-1} v_j u_j, \quad k = 1, 2, \ldots, M$$

那么：

$$u_k \leqslant u_0 \exp\left(\sum_{j=0}^{k-1} v_j\right), \quad k = 1, 2, \ldots, M。$$

引理 1.6：（Doob 鞅不等式）设 $\{M_t\}_{t \geqslant 0}$ 是一个定义在 R^n 上的鞅，$[a, b]$ 是 R_+ 上的有界闭区间，那么如果 $p > 1$ 和 $M_t \in L^p(\Omega; R^n)$，则：

$$E\left(\sup_{a \leqslant t \leqslant b} |M_t|^p\right) \leqslant \left(\frac{p}{p-1}\right) E|M_b|^p。$$

引理 1.7：（Burkholder – Davis – Gundy 不等式）设 $g \in L^2([t_0, T]; \mathbb{R}^{n \times m})$，$p > 0$，则有

$$c_p E\left[\int_{t_0}^T |g(t)|^2 dt\right]^{\frac{p}{2}} \leqslant E\left[\sup_{t_0 \leqslant t \leqslant T} \left|\int_{t_0}^t g(s) dw(s)\right|^p\right] \leqslant C_p E\left[\int_{t_0}^T |g(t)|^2 dt\right]^{\frac{p}{2}}$$

其中：

$$c_p = \begin{cases} \left(\dfrac{p}{2}\right)^p, & 0 < p < 2, \\ 1, & p = 1, \\ (2p)^{-p/2}, & p > 2, \end{cases} \qquad C_p = \begin{cases} \left(\dfrac{32}{p}\right)^{p/2}, & 0 < p < 2 \\ 4, & p = 1 \\ \left[\dfrac{p^{p+1}}{2(p-1)^{p-1}}\right]^{p/2}, & p > 2。 \end{cases}$$

引理 1.8：（半鞅收敛定理）设 $A(t), B(t)$ 均为实值连续适用增过程，$M(t)$ 是一个实值连续局部鞅 $a.s.$，$A(0) = B(0) = M(0) = 0, a.s.$，$\xi$ 是一个 F_0 可测非负可积随机变量。设：

$$X_t = \xi + A_t - B_t + M_t, \quad t \geqslant 0。$$

若 X_t 非负，则：

$$\left\{\lim_{t\to\infty}A_t < \infty\right\} \subset \left\{\lim_{t\to\infty}X_t \text{ 存在且有限}\right\} \cap \left\{\lim_{t\to\infty}B_t < \infty\right\} a.s. 。$$

特别，若 $\lim\limits_{t\to\infty}A_t < \infty\, a.s.$，则对几乎所有 $\omega \in \Omega$，$\lim\limits_{t\to\infty}X_t$ 存在且有限，$\lim\limits_{t\to\infty}B_t(\omega) < \infty$。

1.3.4 常用评价准则

通过前人不断的研究和总结，已经有大量的统计指标对模型性能反映模型的。主要分为分类模型评价指标和回归模型评价指标。

分类模型评价指标中包含了准确率，查准率，查全率，F1 指标，ROC 曲线等。

准确率：是指对数据进行分类后，实际正确分类的数量占所有样本数量的比例，计算公式为：$Accuracy = \dfrac{(TP + TN)}{(TP + TN + FP + FN)}$

查准率：是指对数据进行分类后，实际正确分类的数量占分类器判定属于类别 C_i 的数量的比例，计算公式为：$Precision = \dfrac{TP}{(TP + FP)}$

查全率：是指对数据进行分类后，类别 C_i 实际正确分类的数量占原始数据中属于 C_i 的比例，计算公式为：$Recall = \dfrac{TP}{(TP + FN)}$

指标 F1：同时兼顾了查准率和查全率，综合考察了查准率和查全率，故指标 F1 也被称之为综合分类率，它的计算公式为：$F1 = \dfrac{2 \times Precision \times Recall}{Precision + Recall}$

ROC（Receiver Operating Characteristic）曲线：是二维空间上的曲线，其横纵坐标分别表示：真正例率 false positive rate，假正例率 true positive rate。

回归模型评价指标包含了均方误差（MSE），均方根误差（RMSE），平均绝对误差（MAE），平均绝对百分比误差（MAPE），标准均方根误差（NRMSE），方向预测精度（Ds）等指标：

$$MSE = \frac{1}{T}\sum_{t=1}^{T}(x_t - \hat{x}_t)^2$$

$$RMSE = \sqrt{\frac{1}{T}\sum_{t=1}^{T}(x_t - \hat{x}_t)^2}$$

$$MAE = \frac{1}{T}|x_t - \hat{x}_t|$$

$$MAPE = \frac{1}{T} \sum_{t=1}^{N} \left| \frac{x_t - \hat{x}_t}{x_t} \right|$$

$$NRMSE = \frac{100}{\overline{X}} \sqrt{\frac{1}{T} \sum_{t=1}^{T} (x_t - \hat{x}_t)^2}$$

$$DS = \frac{1}{T} \sum_{t=2}^{T} d_t \times 100\% \text{,当 } d_t = \begin{cases} 1, & (x_t - x_{t-1})(\hat{x}_t - x_{t-1}) > 0 \\ 0, & \text{其他} \end{cases}$$

其中 T 为数据个数，x_t 和 $\hat{x}_t$ 为 t 时刻的真实值和预测值。

1.4　主要研究内容

系统地阐述了时滞 Markov 切换神经网络、随机 Hopfield 神经网络、Markov 切换随机时滞神经网络的数值方法和稳定性分析，以及神经网络与统计学习、群体智能优化算法融合在证券投资、碳价预测、文本分析等方面的应用，具体安排如下：

第 1 章首先介绍了对数值方法进行研究的理论意义和应用背景，然后对神经网络和随机系统数值方法的研究进展进行了总结，介绍了目前的研究进展，总结了目前该类研究所使用的主要数值方法。然后对随机系统的一些基本知识和相关不等式进行了回顾，总结了一些常用不等式。这些基本知识的回顾、总结和讨论，为以后各章节的研究奠定了基础。

第 2 章研究了 Markov 切换随机时滞神经网络的鲁棒稳定性，给出了时滞和噪声强度的上界。在具有 Markov 切换神经网络稳定时给出合适的条件使得扰动系统仍然是稳定的。而滞和噪声强度的上界可以通过超越方程轻易得到。本章的结论为现实具有 Markov 切换神经网络在同时遭受时滞和噪声影响时的设计和应用提供了理论基础。而对噪声强度和时滞的最优的上界的求解还是一个进一步研究的方向。

第 3 章研究了随机时滞 Hopfield 神经网络的 SSBE 方法，研究了随机时滞 Hopfield 神经网络的 SSBE 方法的稳定性，显示 SSBE 方法对解析解的 MS – 稳定性的复制。结论表 Euler – Maruyama 方法相比较，SSBE 方法的稳定性区域具有更大的稳定性区域，然而其稳定性区域可能还不是最优的，需要开发稳定性更好的数值迭代格式。最后通过数值例子说明了本章中结论的正确性和方法的有效性。

第 4 章研究了 Markov 切换的随机时滞神经网络 EM 方法。首先证明了一类具有 Markov 切换的随机时滞神经网络解析解的指数稳定性结论，然后对具有 Markov 切换的随机时滞神经网络给出了 EM 方法迭代格式，建立了 Markov 切换的随机时滞神经网络的 MS – 稳定的一个充分条件。最后通过数值实例说明了本章中的数值方法的有效性和结论的正确性。

第 5 章研究了 Markov 切换的随机时滞神经网络随机 θ – 方法。首先给出了一类具有 Markov 切换的随机时滞神经网络解析解的指数稳定性结论，然后对 Markov 切换的随机时滞神经网络构造了随机 θ – 方法迭代格式，给出了 Markov 切换的随机时滞神经网络的 MS – 稳定和 GMS – 稳定的一个充分条件。最后通过数值实例说明了本章中的数值方法的有效性和结论的正确性。

第 6 章研究了 Markov 切换的随机时滞神经网络 SS – θ – 方法。首先给出了一类具有 Markov 切换的随机时滞神经网络解析解的指数稳定性结论，然后对 Markov 切换的随机时滞神经网络给出了 SS – θ – 方法迭代格式，建立了 Markov 切换的随机时滞神经网络的 MS – 稳定的一个充分条件。最后通过数值实例说明了本章中的数值方法的有效性和结论的正确性。

第 7 章研究了基于投资者情绪指数的上证综指预测。首先，对股民评论进行爬取，基于关键词及百度指数运用岭回归法和随机森林法构造投资者情绪指数。再运用 BP 神经网络模型，对上证综指的变动趋势进行研究。

第 8 章研究了改进的果蝇优化算法与机器学习的碳期货预测。首先，针对果蝇优化算法缺点提出改进策略。然后，使用 LASSO 等变量选择方法探究了价格影响因素。最后，运用改进的果蝇优化算法对机器学习相应参数进行优化，并运用碳期货价格数据进行预测研究。通过模型对比分析说明了改进的果蝇优化算法优化神经网络的有效性。

第 9 章研究了基于神经网络的文本情感分类模型的应用。首先，运用文本情感分类的基础理论构建手机评论数据语料库，进行特征提取。然后，比较了 CRNN – Attention、TextCNN、RNN – Attention 的情感分类效果。最后，对手机评论数据集主题情感倾向深入挖掘，提供了相应建议。

第 10 章研究了挖掘用户评论对于民宿行业各方面的满意度情况，对民宿行业服务质量进行评价。首先，根据研究的需要通过网络爬虫技术获取用户评论、评分数据，并对获取的数据进行数据清洗和预处理。然后建立关于文本评论分析的卷积神经网络模型和 LDA 主题模型，来对民宿行业各方面的服务质量进行评价；最后，对结果进行总结分析并对民宿业主和政府部门提出相关建议。

第2章 时滞和噪声影响下具有 Markov 切换神经网络的稳定性

2.1 引　言

目前，神经网络[230-251]在联想记忆，模式识别，信号处理等都具有广泛的应用。至今为止，不同的神经网络在生态神经网络[106-111]、忆阻神经网络[246-248]、双向联想记忆[65,66]上都被广泛地讨论。

然而在现实神经网络中，神经元传递过程中的随机和时滞是常存在的。随机输入也可以导致神经网络稳定性发生变化。在实际应用神经网络活动中，由于故障的不可预知性，其各种参数会突变，在这种情况下，神经网络模型就可以看作是神经网络模块按照给定的 Markov 链从一种状态切换到另外一种状态。在生物神经系统等中，噪声的影响经常会发生。同时，由于神经元放大器的有限切换和信号的速率等，在神经网络系统的 VLSI 实现时时滞也是不可避免的。文献［83］讨论了带有 Markov 跳跃 BAM 神经网络的随机指数稳定性。文献［41，84，85］分别讨论了切换不确定性 Hopfield 时滞神经网络，切换 Cohen – Grossberg 神经网络和随机神经网络的鲁棒稳定性。文献［42］讨论了 Markov 切换时滞 BAM 随机神经网络的全局稳定性。文献［86］讨论了带有离散和分布时滞的跳跃回归神经网络的状态估计。文献［87］讨论了 Markov 跳跃随机时滞 Hopfield 神经网络的稳定性。

众所周知，时滞或噪声可以用来镇定不稳定系统或使得一个稳定的系统变得更稳定。所以同时控制噪声和时滞是具有重要研究意义的。对一个稳定的神经网络，如果噪声强度和时滞比较小时扰动系统也能保持稳定。因此，研究噪声强度和时滞可以承受多大强度时，神经网络仍然是全局指数稳定的。比如，文献［250］讨论了噪声对区域切换系统指数增长的抑制。文献［251，253 –257］研究了噪声对随机系统或混合系统的随机镇定。文献［258 – 260］研究了非线性系统稳定性的镇定，稳定性的离散化。文献［249］建立了具有 Markov 切换随机时滞神经网络的镇定性判据。文献［252］探讨了噪声对混合神经网络指数稳定性的抑制和促进作用。

如今，神经网络的鲁棒稳定性常利用 Lyapunov 方法和线性矩阵不等式来研究。然而，遭受时滞和随机影响的神经网络鲁棒性很少直接估计噪声强度和时滞的界来探讨。在本章，考虑一个全局指数稳定的神经网络，给出合适的噪声强度和时滞的上界使得扰动的随机时滞神经网络仍然保持全局指数稳定性。

2.2　时滞和噪声影响下的稳定性条件

在本章，R^n 和 $R^{n\times m}$ 分别表示 n – 维欧式空间和 $n\times m$ 实矩阵集。$(\Omega,F,\{F_t\}_{t\geqslant 0},P)$ 是一个完备概率空间，且 $\{F_t\}_{t\geqslant 0}$ 满足通常的条件，即它包含所有的 p – null 集，并且是右连续的。$\omega(t)$ 是定义在概率空间 $(\Omega,F,\{F_t\}_{t\geqslant 0},P)$ 上的比例 Brown 运动。令 A^T 表示 A 的转置。若 A 是一个矩阵，它的算子范数为 $\|A\| = \sup\{|Ax|:|x|=1\}$，其中 $|\cdot|$ 是欧式范数. $L^2_{F_0}([-\bar\tau,0];R^n)$ 表示所有的 F_0 – 可测，$C([-\bar\tau,0];R^n)$ 值随机变量 $\psi=\{\psi(\theta):-\bar\tau\leqslant\theta\leqslant 0\}$ 使得 $\sup_{-\bar\tau\leqslant\theta\leqslant 0} E|\psi(\theta)|^2 < \infty$ 成立的集合，其中 E 表示关于给定的概率测度 P 的数学期望。

令 $r(t),t\geqslant 0$ 是定义在概率空间，取值于有限状态空间 $S=\{1,2,\dots,N\}$ 的右连续 Markov 链，其中生成子 $\Gamma=(\gamma_{ij})_{N\times N}$ 满足：

$$P\{r(t+\delta)=j|r(t)=i\} = \begin{cases}\gamma_{ij}\delta+o(\delta), & i\neq j \\ 1+\gamma_{ij}\delta+o(\delta), & i=j\end{cases}$$

其中，$\delta>0$. 这儿如果 $i\neq j,\gamma_{ij}\geqslant 0$ 表示从 i 到 j 的转移率，而 $\gamma_{ii}=-\sum_{i\neq j}\gamma_{ij}$. 我们始终假设 Markov 链 $r(\cdot)$ 是与 Brown 运动 $w(\cdot)$ 独立的。众所周知，$r(\cdot)$ 的几乎所有的轨道都是在 $R_+=[0,\infty)$ 上的有限子区间上的右连续的阶梯函数。

考虑下面的神经网络模型：

$$\begin{cases} \dot{z}(t) = -A(r(t))z(t) + B(r(t))g(z(t)) + u(r(t)) \\ z(t_0) = z_0 \end{cases} \quad (2-1)$$

其中，$r(t_0) = i_0 \in S$，$z(t) = (z_1(t),\ldots,z_n(t))^T \in R^n$ 是神经元的状态向量，$t_0 \in R_+$，和 $z_0 \in R^n$ 是初始值，$A(i) = diag\{a_1(i),\ldots,a_n(i)\} \in R^{n\times n}$ 是自反馈连接权矩阵，$B(i) = (b_{kl}(i))_{n\times n} \in R^{n\times n}$ 是内神经元连接权矩阵，$u(i) = (u_1(i),\ldots,u_n(i))^T$ 是外部输入神经元向量。$g(z(t)) = (g_1(z_1(t)),\ldots,g_n(z_n(t)))^T \in R^n$ 是激励函数，且满足全局 Lipschitz 条件；即：

$$|g(u) - g(v)| \leqslant k|u-v|, \forall u,v \in R^n \quad (2-2)$$

其中：k 是已知常数。

同时，我们总假设神经网络（2-1）有平稳点 $z^* = (z_1^*, z_2^*, \ldots, z_n^*)^T \in R^n$。令 $x(t) = z(t) - z^*$，$f(x(t)) = g(x(t) + z^*) - g(z^*)$，则（2-1）可以写成：

$$\dot{x}(t) = -A(i)x(t) + B(i)f(x(t)), x(t_0) = x_0 \quad (2-3)$$

其中，$r(t_0) = i_0$，$x_0 = z_0 - z^*$。即，原点为（2-3）的平稳点。因此系统（2-1）的平稳点 z^* 的稳定性就是系统（2-3）的状态空间原点的稳定性。同时，在系统（2-3）中函数 f 是满足下面的 Lipschitz 条件：

（H1）激励函数 $f(\cdot)$ 满足 Lipschitz 条件：

$$|f(u) - f(v)| \leqslant k|u-v|, \quad \forall u,v \in R^n, \quad (2-4)$$

其中，k 是已知的常数。进一步，始终假设 $f(0) = 0$。

众所周知，在假设（H_1）条件下，系统（2-3）在 $t \geqslant t_0$ 上对任意的初始值 t_0, i_0, x_0 有唯一的状态 $x(t; t_0, i_0, x_0)$。当 $f(0) = 0$ 时，原点是系统（2-3）的平稳点。现在我们定义系统（2-3）的解的全局指数稳定性。

定义 2.1：如果对任意 $t_0 \in R_+, i_0 \in S, x_0 \in R^n$，存在 $\alpha > 0$ 和 $\beta > 0$ 使得对 $\forall t \geqslant t_0$，$|x(t; t_0, i_0, x_0)| \leqslant \alpha|x(t_0)|e^{-\beta(t-t_0)}$

几乎必然成立；即 Lyapunov 指数 $\limsup\limits_{t\to\infty} \dfrac{\ln|x(t; t_0, x_0)|}{t} < 0$ a.s.，其中 $x(t; t_0, i_0, x_0)$ 系统（2-3）的状态向量。称系统（2-3）是几乎必然全局指数稳定的。

如果对任意 $t_0 \in R_+, i_0 \in S, x_0 \in R^n$，存在 $\alpha > 0$ 和 $\beta > 0$ 使得对 $\forall t \geqslant t_0$，$E|x(t; t_0, i_0, x_0)|^2 \leqslant \alpha|x(t_0)|e^{-\beta(t-t_0)}$ 成立；即 Lyapunov 指数：$\limsup\limits_{t\to\infty} \dfrac{\ln(E|x(t; t_0, i_0, x_0)|^2)}{t} < 0$, a.s.，其中 $x(t; t_0, i_0, x_0)$ 系统（2-3）的状态向量。称系统（2-3）是均方全局指数稳定的。

我们知道时滞或噪声能用来镇定一个不稳定的系统，也能够使得一个稳定的系统更加稳定。在本章，我们将考虑时滞和噪声对系统稳定性的影响，给出相应的稳定性条件，考虑具有 Markov 切换随机神经网络：

$$
\begin{cases}
dy(t) = \big[-A(i)y(t) + B(i)f(y(t)) + D(i)f(y(t-\tau(t))) \big]dt + \\
\qquad \sigma y(t)dW(t), t > t_0 \\
y(t) = \psi(t-t_0) \in L^2_{F_0}([-\bar{\tau},0];R^n) \\
t_0 - \bar{\tau} \leqslant t \leqslant t_0
\end{cases}
\tag{2-5}
$$

其中，$r(t_0) = i_0 \in S$，$A(i), B(i), f$, 与（2-3）定义的一样，$D(i) \in R^{n \times n}$ 是（2-5）的时滞连接权矩阵，$\tau(t)$ 是变时滞且满足

$$
\tau(t):[t_0,+\infty) \to [0,\bar{\tau}], \tau'(t) \leqslant \mu < 1, \psi = \{\psi(s): -\bar{\tau} \leqslant s \leqslant 0\} \in
$$

$C([-\bar{\tau},0],R^n)$

其中 σ 是噪声强度，$W(t)$ 是定义在 $(\Omega, F, \{F_t\}_{t \geqslant 0}, P)$ 上的比例 Brown 运动。在假设 (H_1) 下，系统（2-5）在 $t \geqslant t_0$ 上对初始值 t_0, i_0, y_0 有唯一的状态向量 $y(t; t_0, i_0, x_0)$，$y = 0$ 是其平稳点。

若不含有时滞和噪声时，系统（2-5）简化为：

$$
\begin{cases}
\dot{x}(t) = -A(i)x(t) + B(i)f(x(t)) + D(i)f(x(t)) \\
x(t_0) = \psi(0) \in R^n
\end{cases}
\tag{2-6}
$$

现在我们的问题是如果考虑一个给定的全局指数稳定系统（2-6），那么噪声强度和时滞多大时其扰动系统也是全局指数稳定？在本章我们将揭示这一重要的特征，给出扰动系统的噪声强度和时滞的上界为多大时系统 HSDNN（2-5）仍然是全局指数稳定的。对系统（2-5）我们首先给出全局指数稳定的定义。

定义 2.2：如果任意 $t_0 \in R_+, i_0 \in S, \psi \in L^2_{F_0}([-\bar{\tau},0];R^n)$，存在 $\alpha > 0$ 和 $\beta > 0$ 使得：

$$
\forall t \geqslant t_0, |y(t;t_0,\psi)| \leqslant \alpha \|\psi\| \exp(\beta(t-t_0))
$$

几乎必然成立；即，Lyapunov 指数为 $\limsup\limits_{t \to \infty} \dfrac{\ln|y(t;t_0,i_0,\psi)|}{t} < 0$ a. s. ，其中，$y(t;t_0,i_0,\psi)$ 是（2-5）的状态向量。称系统（2-5）是几乎必然全局指数稳定的。

如果任意 $t_0 \in R_+, \psi \in L^2_{F_0}([-\bar{\tau},0];R^n)$，存在 $\alpha > 0$ 和 $\beta > 0$ 使得：

$$\forall t \geqslant t_0, E \mid y(t;t_0,\psi) \mid^2 \leqslant \alpha \parallel \psi \parallel \exp(\beta(t - \psi))$$

成立；即 Lyapunov 指数为 $\limsup_{t \to \infty} \dfrac{\ln(E \mid y(t;t_0,i_0,\psi) \mid^2)}{t} < 0$，其中，$y(t;t_0,i_0,\psi)$ 是（2-5）的状态向量。称系统（2-5）是均方全局指数稳定的。

由定义，系统（2-6）的几乎必然全局指数稳定意味着系统（2-6）均方全局指数稳定[126]，反之不一定。然而，如果 (H_1) 成立，由 [126] 我们有下面的结论。

定理 2.1：假设 (H_1) 成立。系统（2-5）的均方全局指数稳定意味着系统（2-5）的几乎必然全局指数稳定。

现在我们给出并证明在时滞和噪声影响下神经网络稳定性的鲁棒性。

定理 2.2：假设 (H_1) 成立。系统（2-6）是全局指数稳定。如果：$\mid \sigma \mid < \tilde{\sigma}/\sqrt{2}$，$\bar{\tau} < \min(\delta/2, \tilde{\tau})$，其中，$\tilde{\sigma}$ 是方程（2-7）关于 σ 的唯一正解。

$$2\alpha^2 \exp(-2\beta\delta) + \frac{4\sigma^2\alpha^2}{\beta}\exp(8\delta[3\delta(\parallel \bar{A}(i) \parallel^2 + \parallel \bar{B}(i) \parallel^2 k^2 + 2 \parallel \bar{D}(i) \parallel^2 k^2) + \sigma^2]) = 1 \tag{2-7}$$

和 $\tilde{\tau}$ 是方程（2-8）关于 τ 的唯一正解。

$$2c_2 \exp(2\delta c_1) + 2\alpha^2 \exp(-2\beta(\delta - \tau)) = 1 \tag{2-8}$$

其中 $\delta > \ln(2\alpha^2)/(2\beta) > 0$，$\parallel \bar{A}(i) \parallel^2 = \max_{i \in S} \parallel A(i) \parallel^2$，等

$$c_1 = 12\delta(\parallel \bar{A}(i) \parallel^2 + \parallel \bar{B}(i) \parallel^2 k^2 + 2 \parallel \bar{D}(i) \parallel^2 k^2) + 2\tilde{\sigma}^2 + 48\delta \parallel \bar{D}(i) \parallel^2$$
$$k^2(6\tau^2[\parallel \bar{A}(i) \parallel^2 + \parallel \bar{B}(i) \parallel^2 k^2 + \frac{1}{(1-\mu)} \parallel \bar{D}(i) \parallel^2 k^2] + \tau\tilde{\sigma}^2)$$

$$c_2 = 48\delta \parallel \bar{D}(i) \parallel^2 k^2 [\tau + \frac{\tau}{(1-\mu)}] + 24\delta \parallel \bar{D}(i) \parallel^2 k^2 [\frac{6}{(1-\mu)}\tau^3 k^2 \parallel \bar{D}(i) \parallel^2 +$$
$$\frac{\alpha^2}{\beta}(6\tau^2[\parallel \bar{A}(i) \parallel^2 + \parallel \bar{B}(i) \parallel^2 k^2 + \frac{k^2}{(1-\mu)} \parallel \bar{D}(i) \parallel^2] + \tau\tilde{\sigma}^2)] \tilde{+} \frac{\sigma^2\alpha^2}{\beta}$$

则系统（2-5）是均方全局指数稳定的，也是几乎必然全局指数稳定的。

证明：固定 $t_0, \psi = \{\psi(s): -\bar{\tau} \leqslant s \leqslant 0\}$，为了简单，我们分布记：$x(t;t_0,i_0,\psi(0)), y(t;t_0,i_0,\psi)$ 为 $x(t), y(t)$ 由（2-5）和（2-6）得：

$$x(t) - y(t) = \int_{t_0}^{t}[-A(i)(x(s) - y(s)) + B(i)(f(x(s)) - f(y(s))) +$$

$$D(i)(f(x(s)) - f(y(s - \tau(s))))]ds - \int_{t_0}^{t}\sigma y(s)dW(s)$$

于是：

$$|x(t) - y(t)|^2 \leq 2\int_{t_0}^t [-A(i)(x(s) - y(s)) + B(i)(f(x(s)) - f(y(s))) + D(i)(f(x(s)) - f(y(s - \tau(s))))] ds|^2 + 2\left|\int_{t_0}^t \sigma y(s) dW(s)\right|^2$$

当 $t \leq t_0 + 2\delta$ 时，根据 H_1 和 Holder 不等式有：

$$E|x(t) - y(t)|^2 \leq E\left|\int_{t_0}^t [-A(i)(x(s) - y(s)) + B(i)(f(x(s)) - f(y(s))) + D(i)(f(x(s)) - f(y(s - \tau(s))))] ds\right|^2 + 2E\left|\int_{t_0}^t \sigma y(s) dW(s)\right|^2$$

$$\leq 12\delta\int_{t_0}^t [(\|A(i)\|^2 + \|B(i)\|^2 k^2) E|x(s) - y(s)|^2 + \|D(i)\|^2 k^2 E|x(s) - y(s - \tau(s))|^2] ds + 2\sigma^2\int_{t_0}^t E|y(s) - x(s) + x(s)|^2 ds \leq [12\delta(\|\bar{A}(i)\|^2 +$$

$$\|\bar{B}(i)\|^2 k^2 + 2\|\bar{D}(i)\|^2 k^2) + 4\sigma^2]$$

$$\int_{t_0}^t E|x(s) - y(s)|^2 ds + 24\delta\|\bar{D}(i)\|^2 k^2\int_{t_0}^t E|y(s) - y(s - \tau(s))|^2 ds +$$

$$4\sigma^2\int_{t_0}^t E|x(s)|^2 ds] \tag{2-9}$$

同时，当 $t \geq t_0 + \bar{\tau}$ 时，根据 (2-5) 和 H_1：

$$\int_{t_0 + \bar{\tau}}^t E|y(s) - y(s - \tau(s))|^2 ds \leq \int_{t_0 + \bar{\tau}}^t ds \int_{s - \bar{\tau}}^s \{[6\bar{\tau}(\|A(i)\|^2 + \|B(i)\|^2 k^2) + 2\sigma^2] \times E|y(r)|^2 + 6\bar{\tau}\|D(i)\|^2 k^2 E|y(r - \tau(r))|^2\} dr \tag{2-10}$$

改变积分次序，我们有：

$$\int_{t_0 + \bar{\tau}}^t ds \int_{s - \bar{\tau}}^s [6\bar{\tau}(\|A(i)\|^2 + \|B(i)\|^2 k^2) + 2\sigma^2] E|y(r)|^2 dr = \int_{t_0}^t dr \int_{\max(t_0 + \bar{\tau}, r)}^{\min(r + \bar{\tau}, t)}$$

$$[6\bar{\tau}(\|A(i)\|^2 + \|B(i)\|^2 k^2) + 2\sigma^2] E|y(r)|^2 ds \leq [6\bar{\tau}(\|\bar{A}(i)\|^2 + \|\bar{B}(i)\|^2 k^2) +$$

$$2\sigma^2] \bar{\tau}\int_{t_0}^t E|y(r)|^2 dr \tag{2-11}$$

类似 (2-11)，我们有：

$$\int_{t_0 + \bar{\tau}}^t ds \int_{s - \bar{\tau}}^s 6\bar{\tau}\|D(i)\|^2 k^2 E|y(r - \tau(r))|^2 dr = \int_{t_0}^t dr \int_{\max(t_0 + \bar{\tau}, r)}^{\min(r + \bar{\tau}, t)} 6\bar{\tau}\|D(i)\|^2$$

$$k^2 E \mid y(r - \tau(r)) \mid^2 ds \leqslant 6 \bar{\tau}^2 \parallel \bar{D}(i) \parallel^2 k^2 \int_{t_0}^t E \mid y(r - \tau(r)) \mid^2 dr \leqslant 6 \bar{\tau}^2 \parallel \bar{D}(i) \parallel^2$$

$$k^2 (1 - \mu)^{-1} \int_{t_0 - \bar{\tau}}^t E \mid y(u) \mid^2 du \leqslant 6 \bar{\tau}^3 \parallel \bar{D}(i) \parallel^2 k^2 (1 - \mu)^{-1} (\sup_{t_0 - \bar{\tau} \leqslant s \leqslant t_0} E \mid y(s) \mid^2) +$$

$$6 \bar{\tau}^2 \parallel \bar{D}(i) \parallel^2 k^2 (1 - \mu)^{-1} \int_{t_0}^t E \mid y(u) \mid^2 du \tag{2-12}$$

从而，当 $t \geqslant t_0 + \bar{\tau}$ 时，代（2-11）和（2-12）到（2-10）得到：

$$\int_{t_0 + \bar{\tau}}^t E \mid y(s) - y(s - \tau(s)) \mid^2 ds \leqslant 6 \bar{\tau}^3 \parallel \bar{D}(i) \parallel^2 k^2 (1 - \mu)^{-1} (\sup_{t_0 - \bar{\tau} \leqslant s \leqslant t_0} E \mid y(s) \mid^2) +$$

$$\{6 \bar{\tau}^2 [\parallel \bar{A}(i) \parallel^2 + \parallel \bar{B}(i) \parallel^2 k^2 + \parallel \bar{D}(i) \parallel^2 k^2 (1 - \mu)^{-1}] + 2 \bar{\tau} \sigma^2 \} \int_{t_0}^t E \mid y(s) \mid^2 ds \tag{2-13}$$

代（2-13）到（2-9）得到当 $t \geqslant t_0 + \bar{\tau}$ 时：

$$E \mid x(t) - y(t) \mid^2 \leqslant [12 \delta (\parallel \bar{A}(i) \parallel^2 + \parallel \bar{B}(i) \parallel^2 k^2 + 2 \parallel \bar{D}(i) \parallel^2 k^2) + 4 \sigma^2] \times$$

$$\int_{t_0}^t E \mid x(s) - y(s) \mid^2 ds + 24 \delta \parallel \bar{D}(i) \parallel^2 k^2 \int_{t_0}^{t_0 + \bar{\tau}} E \mid y(s) - y(s - \tau(s)) \mid^2 ds +$$

$$24 \delta \parallel \bar{D}(i) \parallel^2 k^2 \int_{t_0 + \bar{\tau}}^t E \mid y(s) - y(s - \tau(s)) \mid^2 ds + 4 \sigma^2 \int_{t_0}^t \alpha^2 \mid \psi(0) \mid^2$$

$$\exp(-2\beta(s - t_0)) ds \leqslant [12 \delta (\parallel \bar{A}(i) \parallel^2 + \parallel \bar{B}(i) \parallel^2 k^2 + 2 \parallel \bar{D}(i) \parallel^2 k^2) + 4 \sigma^2] \times$$

$$\int_{t_0}^t E \mid x(s) - y(s) \mid^2 ds + 48 \delta \parallel \bar{D}(i) \parallel^2 k^2 [\bar{\tau} + \bar{\tau}(1 - \mu)^{-1}] \times (\sup_{t_0 - \bar{\tau} \leqslant s \leqslant t_0 + \bar{\tau}} E \mid y(s) \mid^2) +$$

$$24 \delta \parallel \bar{D}(i) \parallel^2 k^2 \{ 6 \bar{\tau}^3 \parallel \bar{D}(i) \parallel^2 k^2 (1 - \mu)^{-1} \times (\sup_{t_0 - \bar{\tau} \leqslant s \leqslant t_0} E \mid y(s) \mid^2) + (6 \bar{\tau}^2 [\parallel \bar{A}(i) \parallel^2 +$$

$$\parallel \bar{B}(i) \parallel^2 k^2 + \parallel \bar{D}(i) \parallel^2 k^2 (1 - \mu)^{-1}] + 2 \bar{\tau} \sigma^2) \times \int_{t_0}^t E \mid y(s) - x(s) + x(s) \mid^2 ds \} +$$

$$2 \sigma^2 \alpha^2 / \beta \sup_{t_0 - \bar{\tau} \leqslant s \leqslant t_0} E \mid y(s) \mid^2 \tag{2-14}$$

根据（2-14）我们得到：

$$E \mid x(t) - y(t) \mid^2 \leqslant \{ 12 \delta (\parallel \bar{A}(i) \parallel^2 + \parallel \bar{B}(i) \parallel^2 k^2 + 2 \parallel \bar{D}(i) \parallel^2 k^2) +$$

$$4 \sigma^2 + 48 \delta \parallel \bar{D}(i) \parallel^2 k^2 (6 \bar{\tau}^2 [\parallel \bar{A}(i) \parallel^2 + \parallel \bar{B}(i) \parallel^2 k^2 \parallel \bar{D}(i) \parallel^2 k^2 (1 - \mu)^{-1}] +$$

$$2 \bar{\tau} \sigma^2) \} \mid \times \int_{t_0}^t E \mid x(s) - y(s) \mid^2 ds + \{ 48 \delta \parallel \bar{D}(i) \parallel^2 k^2 [\bar{\tau} + \bar{\tau}(1 - \mu)^{-1}] +$$

$$24 \delta \parallel \bar{D}(i) \parallel^2 k^2 [6 \bar{\tau}^3 \parallel \bar{D}(i) \parallel^2 k^2 (1 - \mu)^{-1} + (6 \bar{\tau}^2 [\parallel \bar{A}(i) \parallel^2 + \parallel \bar{B}(i) \parallel^2 k^2 +$$

$$\|\bar{D}(i)\|^2 k^2 (1-\mu)^{-1}] + 2\bar{\tau}\sigma^2)\alpha^2/\beta] + 2\sigma^2\alpha^2/\beta\} \times (\sup_{t_0-\bar{\tau}\leqslant s\leqslant t_0+\bar{\tau}} E|y(s)|^2)$$

$$(2-15)$$

当 $t_0 + \bar{\tau} \leqslant t \leqslant t_0 + 2\delta$ 时，应用 Gronwall 不等式得到：

$$E|x(t) - y(t)|^2 \leqslant c_4 \exp(2\delta c_3)(\sup_{t_0-\bar{\tau}\leqslant s\leqslant t_0+\bar{\tau}} E|y(s)|^2) \qquad (2-16)$$

其中：

$$c_3 = 12\delta(\|\bar{A}(i)\|^2 + \|\bar{B}(i)\|^2 k^2 + 2\|\bar{D}(i)\|^2 k^2) + 4\sigma^2 + 48\delta\|\bar{D}(i)\|^2$$

$$k^2(6\bar{\tau}^2[\|\bar{A}(i)\|^2 + \|\bar{B}(i)\|^2 k^2 + \|\bar{D}(i)\|^2 k^2 (1-\mu)^{-1}] + 2\bar{\tau}\sigma^2)$$

$$c_4 = 48\delta\|\bar{D}(i)\|^2 k^2[\bar{\tau} + \bar{\tau}(1-\mu)^{-1}] + 24\delta\|\bar{D}(i)\|^2 k^2[6\bar{\tau}^3\|\bar{D}(i)\|^2 k^2 (1-$$

$$\mu)^{-1} + (6\bar{\tau}^2[\|\bar{A}(i)\|^2 + \|\bar{B}(i)\|^2 k^2 + \|\bar{D}(i)\|^2 k^2 (1-\mu)^{-1}] + 2\bar{\tau}\sigma^2)\alpha^2/\beta] +$$

$$2\sigma^2\alpha^2/\beta$$

因而：

$$E|y(t)|^2 \leqslant 2E|x(t) - y(t)|^2 + 2E|x(t)|^2 \leqslant [2c_4\exp(2\delta c_3) + 2\alpha^2\exp(-2\beta(t - t_0))] \times (\sup_{t_0-\bar{\tau}\leqslant s\leqslant t_0+\bar{\tau}} E|y(s)|^2) \qquad (2-17)$$

所以当 $t_0 - \bar{\tau} + \delta \leqslant t \leqslant t_0 - \bar{\tau} + 2\delta$ 时：

$$E|y(t)|^2 \leqslant [2c_4\exp(2\delta c_3) + 2\alpha^2\exp(-2\beta(\delta - \bar{\tau}))] \times (\sup_{t_0-\bar{\tau}\leqslant s\leqslant t_0-\bar{\tau}+\delta} E|y(s)|^2) =:$$

$$F(\sigma, \bar{\tau})(\sup_{t_0-\bar{\tau}\leqslant s\leqslant t_0-\bar{\tau}+\delta} E|y(s)|^2) \qquad (2-18)$$

其中，

$$F(\sigma, \bar{\tau}) = 2c_4\exp(2\delta c_3) + 2\alpha^2\exp(-2\beta(\delta - \bar{\tau}))$$

由于 $F(0,0) < 1, F(\infty,0) > 1$ 和 $F(\sigma,0)$ 是关于 σ 严格递增的，则存在唯一的 $\tilde{\sigma}$ 使得：$F(\tilde{\sigma},0) = 1$，即，（2-7）成立。

当 $|\sigma| < \tilde{\sigma}$ 时，$F(\sigma,\infty) > 1, F(\sigma,0) < 1$ 和 $F(\sigma,\bar{\tau})$ 是关于 $\bar{\tau}$ 严格递增的，所以存在唯一的 $\tilde{\tau}$ 使得 $F(\tilde{\sigma}/\sqrt{2},\tilde{\tau}) = 1$，即，（2-8）成立。

根据（2-7）和（2-8）得到当 $|\sigma| < \tilde{\sigma}/\sqrt{2}, \bar{\tau} < \min(\delta/2, \tilde{\tau})$ 时，$F(\sigma,\bar{\tau}) < 1$。取：$\gamma = -\ln F(\sigma,\bar{\tau})/\delta$，我们得到：

$$\sup_{t_0 - \bar{\tau} + \delta \leqslant t \leqslant t_0 - \bar{\tau} + 2\delta} E \mid y(t;t_0,\psi) \mid^2 \leqslant \exp(-\gamma\delta) \Big(\sup_{t_0 - \bar{\tau} \leqslant t \leqslant t_0 - \bar{\tau} + \delta} E \mid y(t;t_0,\psi) \mid^2 \Big)$$

$$(2-19)$$

从而，对任意的正整数 $m = 1,2,\dots,$ 记：

$$\bar{y}(t_0 + (m-1)\delta;t_0,\psi) := \{ y(t_0 + (m-1)\delta + s;t_0,\psi) : -\bar{\tau} \leqslant s \leqslant 0 \} \in$$

$$C([-\bar{\tau},0];R^n)$$

根据系统状态向量的存在唯一性，我们有：$y(t;t_0,\psi) = y(t;t_0 + (m-1)\delta, \bar{y}(t_0 + (m-1)\delta;t_0,\psi))$

当 $t \geqslant t_0 - \bar{\tau} + m\delta$ 时：

$$\sup_{t_0 - \bar{\tau} + m\delta \leqslant t \leqslant t_0 - \bar{\tau} + (m+1)\delta} E \mid y(t;t_0,\psi) \mid^2 = \Big(\sup_{t_0 - \bar{\tau} + (m-1)\delta + \delta \leqslant t \leqslant t_0 - \bar{\tau} + (m-1)\delta + 2\delta} E \mid y(t;t_0 + (m-1)\delta,$$

$$\bar{y}(t_0 + (m-1)\delta;t_0,\psi)) \mid^2 \leqslant \exp(-\gamma\delta) \times \Big(\sup_{t_0 - \bar{\tau} + (m-1)\delta \leqslant t \leqslant t_0 - \bar{\tau} + m\delta} E \mid y(t;t_0,\psi) \mid^2 \Big)\dots \leqslant$$

$$\exp(-\gamma m\delta) \Big(\sup_{t_0 - \bar{\tau} \leqslant t \leqslant t_0 - \bar{\tau} + \delta} E \mid y(t;t_0,\psi) \mid^2 \Big) = \overline{c_0}\exp(-\gamma m\delta)$$

其中，$\overline{c_0} = \sup\limits_{t_0 - \bar{\tau} \leqslant t \leqslant t_0 - \bar{\tau} + \delta} E \mid y(t;t_0,\psi) \mid^2$。因而对任意 $t > t_0 - \bar{\tau} + \delta$，一定存在一个正整数 m 使得 $t_0 - \bar{\tau} + m\delta \leqslant t \leqslant t_0 - \bar{\tau} + (m+1)\delta$，有 $E \mid y(t;t_0,\psi) \mid^2 \leqslant \overline{c_0}\exp(\gamma(\delta - \bar{\tau}))\exp(-\gamma(t - t_0))$。

当 $t_0 - \bar{\tau} \leqslant t \leqslant t_0 - \bar{\tau} + \delta$ 时，上述不等式也是成立的。所以系统（2-5）是均方全局指数稳定的。由定理 3.1，（2-5）也是几乎必然指数稳定的。

假设 $\tau(t)$ 是系统（2-5）的常时滞，则系统（2-5）变为：

$$\begin{cases} dy(t) = [-A(i)y(t) + B(i)f(y(t)) + D(i)f(y(t-\tau))]dt + \\ \qquad \sigma y(t)dW(t), t > t_0 \\ y(t) = \psi(t - t_0), t_0 - \bar{\tau} \leqslant t \leqslant t_0 \end{cases}$$

$$(2-20)$$

从而，由定理 3.1，我们有下面的一个推论：

推论 2.1：假设 (H_1) 成立和系统（2-20）是全局指数稳定的。如果 $\mid\sigma\mid < \tilde{\sigma}/\sqrt{2}, \tau < \min(\delta/2, \tilde{\tau})$，其中 $\tilde{\sigma}$ 是系统（2-7）关于 σ 的唯一整洁。和 $\tilde{\tau}$ 是下面方程关于 τ 的唯一正解。

$$2c_6\exp(2\delta c_5) + 2\alpha^2\exp(-2\beta(\delta - \tau)) = 1$$

$$(2-21)$$

其中，$\delta > \ln(2\alpha^2)/(2\beta) > 0, \parallel \overline{A}(i) \parallel^2 = \max_{i \in S} \parallel A(i) \parallel^2$

$$c_5 = 12\delta(\parallel \bar{A}(i) \parallel^2 + \parallel \bar{B}(i) \parallel^2 k^2 + 2 \parallel \bar{D}(i) \parallel^2 k^2) + 2\tilde{\sigma}^2 + 48\delta \parallel \bar{D}(i) \parallel^2$$

$$k^2(6\tau^2[\parallel \bar{A}(i) \parallel^2 + \parallel \bar{B}(i) \parallel^2 k^2 + \parallel \bar{D}(i) \parallel^2 k^2] + \tau\tilde{\sigma}^2),$$

$$c_6 = 96\tau\delta \parallel \bar{D}(i) \parallel^2 k^2 + 24\delta \parallel \bar{D}(i) \parallel^2 k^2[6\tau^3 \parallel \bar{D}(i) \parallel^2 k^2 + (6\tau^2[\parallel \bar{A}(i) \parallel^2 +$$

$$\parallel \bar{B}(i) \parallel^2 k^2 + \parallel \bar{D}(i) \parallel^2 k^2] + \tau\tilde{\sigma}^2)\alpha^2/\beta] + \tilde{\sigma}^2\alpha^2/\beta。$$

则系统（2-20）是均方指数稳定的，也是几乎必然全局指数稳定的。

注 2.1：定理 2.2 表明当具有 Markov 切换神经网络（2-6）是全局指数稳定时，对应的扰动具有 Markov 切换随机时滞神经网络（2-5）仍然是均方全局指数稳定的，且也是几乎必然全局指数稳定的。同时，我们也同时地给出了噪声强度和时滞的上界。

注 2.2：在文献［242］中噪声强度和时滞的上界分别被推导出来。定理 2.1 中时滞和噪声的强度被同时给出，它不是文献［242］中结论的复合。也就是说，我们需要同时估计时滞和噪声强度的大小，这比仅仅只受时滞或噪声影响要复杂得多。

2.3　数值仿真

例 2.1：考虑下面的具有 Markov 切换神经网络：

$$\dot{x}(t) = -a(i)x(t) + b(i)f(x(t)) + d(i)f(x(t)) \tag{2-22}$$

其中，Markov 链的生成子为：

$$\Gamma = \begin{pmatrix} -2 & 2 \\ 1 & -1 \end{pmatrix}$$

$a(1) = 1.9, a(2) = 2, b(1) = -0.05, b(2) = 0, d(1) = -0.05, d(2) = 0$。因而，根据 Markov 链，（2-22）可以写为：

$$\dot{x}(t) = -1.9x(t) - 0.1f(x(t))$$
$$\dot{x}(t) = -2x(t) \tag{2-23}$$

令 $f(x) = x$，则根据文献［232］的定理 1，当 $\alpha = 1, \beta = 2$ 时，系统（2-22）是全局指数稳定的。系统（2-22）受噪声和时滞影响时变为下面的扰动神经

网络:

$$dy(t) = \left[-a(i)y(t) + b(i)f(y(t)) + d(i)f(y(t-\tau(t))) \right]dt + \sigma y(t)dW(t)$$

$$(2-24)$$

其中, σ 是噪声强度, $W(t)$ 是定义在概率空间上的比例 Brown 运动, $\tau(t)$ 是变时滞的。

根据定理 2.2, 取 $\delta = 0.2 > \ln(2)/6 = 0.1155, \mu = 0$, 则（2-7）和（2-8）为:

$$2e^{-0.8} + 2\sigma^2 e^{1.6(2.1705+\sigma^2)} = 1$$

和

$$2(0.048\tau + 0.012(0.015\tau^3 + 0.5(24.03\tau^2 + 0.001568\tau)) + 0.000784)$$
$$\exp(0.4(9.6211 + 0.024(24.03\tau^2 + 0.001568\tau))) + 2\exp(-4(0.2 - \tau)) = 1$$

他们有解 $\tilde{\sigma} = 0.0396, \tilde{\tau} = 0.003399$

图 2-1 显示生产子为 Γ 的 Markov 链。图 2-2 显示当 $\sigma = 0.02 < \tilde{\sigma}/\sqrt{2} = 0.028, \tau(t) = 0.003 < \tilde{\tau}$ 时系统（2-24）的状态。这表明当 $|\sigma| < \tilde{\sigma}/\sqrt{2}$ 和 $\bar{\tau} < \min(\delta/2, \tilde{\tau})$ 时（2-24）是均方全局指数稳定的, 也是几乎必然全局指数稳定的。

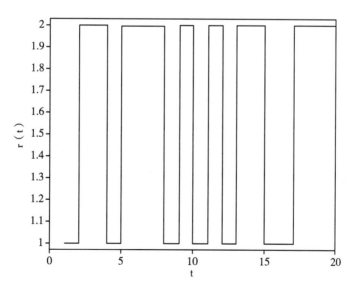

图 2-1　例 2.1 中 Markov 链生成子 Γ 的模拟

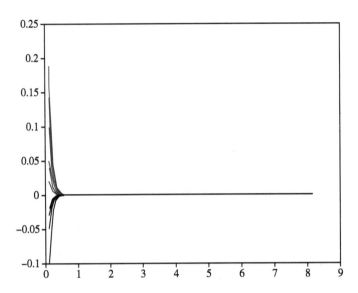

图 2 - 2　例 2. 1 中系统（2 - 24）在 $\sigma = 0.02$，$\tau(t) = 0.003$ 时状态的模拟

例 2. 2：考虑二维 Markov 切换神经网络：

$$\frac{dx(t)}{dt} = -A(i)x(t) + B(i)f(x(t)) + D(i)f(x(t)) \qquad (2-25)$$

其中，Markov 链生成子和参数分别为：

$$\Gamma = \begin{pmatrix} -2 & 2 \\ 1 & -1 \end{pmatrix}, A(1) = \begin{pmatrix} 2 & 0 \\ 0 & 2 \end{pmatrix}, A(2) = \begin{pmatrix} 2 & 0 \\ 0 & 1.5 \end{pmatrix}$$

$$B(1) = D(1) = \begin{pmatrix} 0 & 0.01 \\ -0.01 & 0 \end{pmatrix}$$

$$B(2) = D(2) = \begin{pmatrix} 0.05 & 0 \\ 0 & -0.01 \end{pmatrix}$$

$$f(x_j) = (\exp(2x_j) - 1)/(\exp(2x_j) + 1), j = 1,2$$

根据文献［232］中的定理 1 知道系统（2 - 25）在 $\alpha = 1, \beta = 1$ 时是全局指数稳定的。系统（2 - 25）相应的时滞和噪声影响的扰动系统变为：

$$dy(t) = [-A(i)y(t) + B(i)f(y(t)) + D(i)f(y(t - \tau(t)))]dt + \sigma y(t)dW(t) \qquad (2-26)$$

其中，σ 是噪声强度，$W(t)$ 是定义在概率空间上的比例 Brown 运动，$\tau(t)$ 是变时滞。根据定理 2.2，取 $\delta = 0.5 > \ln2/2 = 0.3466, \mu = 0.9$，则（2 - 7）和（2 - 8）变为：

$$2e^{-1} + 4\sigma^2 e^{4(6.0076 + \sigma^2)} = 1$$

和

$2(0.66\tau + 0.03(0.15\tau^3 + (24.165\tau^2 + 2.384 \times 10^{-12}\tau)) + 2.384 \times 10^{-12})\exp(0.4(24.045 + 4.768 \times 10^{-12} + 0.06(24.165\tau^2 + 2.384 \times 10^{-12}\tau))) + 2\exp(-4(0.2 - \tau)) = 1$

它们有解 $\tilde{\sigma} = 1.544 \times 10^{-6}$, $\tilde{\tau} = 5.106 \times 10^{-6}$。

图 2 - 3 显示了系统在 (2 - 26) $\sigma = 1 \times 10^{-6}$, $\tau(t) = 5 \times 10^{-6}t$ 时是稳定的。这表明系统 (2 - 26) 在 $|\sigma| < \tilde{\sigma}/\sqrt{2}$ 和 $\bar{\tau} < \min(\delta/2, \tilde{\tau})$ 时是均方全局指数稳定的,也是几乎必然全局指数稳定的。

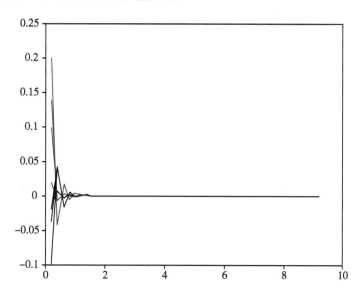

图 2 - 3 例 2.2 中系统 (2 - 26) 在 $\sigma = 10^{-6}$, $\tau(t) = 5 \times 10^{-6}t$ 时状态的模拟

注 2.3:这些例子表明定理 2.1 的条件成立时,系统是均方全局指数稳定的,也是几乎必然全局指数稳定的。我们能看到噪声强度和时滞的上界可以通过精细的不等式和超越方程得到。而超越方程可以通过 Matlab 轻易的计算得到,定理的条件也很容易验证。目前噪声强度和时滞的最优的上界的求解还是一个开放的问题。

2.4 本章小结

在本章,研究了具有 Markov 切换随机时滞神经网络的鲁棒稳定性,给出了时滞和噪声强度的上界。在具有 Markov 切换神经网络稳定时给出合适的条件使得扰动系统仍然是稳定的，而滞和噪声强度的上界可以通过超越方程轻易得到。本章的结论为现实具有 Markov 切神经网络在同时遭受时滞和噪声影响时的设计和应用提供了理论基础，而对噪声强度和时滞的最优的上界的求解还是一个进一步研究的方向。

第 3 章　随机时滞 Hopfield 神经网络的 SSBE 方法稳定性

3.1　引　言

目前，Hopfield 神经网络的稳定性的研究在各个领域都有广泛的应用。比如，组合优化，平行计算，图像处理，模式处理。自 1980 年以来，已经有大量的文献研究了神经网络的稳定性。在现实神经网络传输过程中，神经元的信息传递过程中应该存在时滞，而时滞意味着网络模型应该与过去时间的神经元状态有关，这也正反映了大脑本身的特点。在现有神经网络模型上引入轴突信号传输时滞，那么相应的动力学系统就变成了带时滞的非线性动力学系统，因而它们的动力学性质将变得非常复杂，其动力学行为有可能演化到稳定的平衡点，有可能产生周期振荡或混沌。在现实世界里噪音是不可避免的，因而许多模型都需要考虑随机的影响。所以研究噪音影响的时滞神经网络的稳定性是具有重要意义的。

最近，对随机神经网络稳定性的研究主要是基于构造合适的 Lyapunov 函数或 Lyapunov 泛函。然而我们知道 Lyapunov 函数或 Lyapunov 泛函的构造没有一般的方法，通常是比较困难的。当我们不能构造合适的 Lyapunov 函数或 Lyapunov 泛函时，我们能考虑数值逼近的方法。一般地，如同随机系统一样，随机神经网络没有显示解。从而，建立合适的随机神经网络数值方法来研究随机神经网络是具有积极意义的。

文献［153］介绍了随机系统的各种数值方法的构造和线性随机系统的数值方法稳定的等价性命题。文献［138］中首次提出和证明了在局部 Lipschitz 条件和线性增长条件下随机系统的 Euler – Maruyama 方法的数值解收敛到真实解，也得到了在单边 Lipschitz 条件下随机系统的 Euler – Maruyama 方法的数值解收敛到真实解的结论。文献［143］研究了带有分布时滞随机泛函系统，构造了系统的 θ – Maruyama 方法并证明了其数值方法的收敛性。随后文献［144］对随机泛函系统构造了系统的一步逼近方法并给出了其数值方法的收敛性。2003 年文献［170］在全局 Lipschitz 条件下利用数值方法的收敛性行为建立了非线性随机系统的 Euler – Maruyama 方法的指数稳定性的等价命题，并指明了在局部 Lipschitz 条件下并不能得到随机系统的指数稳定性和对应随机系统数值方法的指数稳定性等价的结论，也证明了在单边 Lipschitz 条件下随机系统数值方法的收敛性行为；进一步地，2007 年文献［171］在全局 Lipschitz 条件下利用数值方法的收敛性行为建立了非线性常时滞随机系统的 Euler – Maruyama 方法的指数稳定性的等价命题，并将其结论推广到了变时滞随机系统。文献［264］研究了随机时滞方法两步 Maruyama 的指数均方稳定性。Higham et al.[138] 在 2002 年首次研究了随机系统的 Split – Step Backward Euler（SSBE）方法，进而在单边 Lipschitz 条件（这个条件比全局 Lipschitz 条件要弱）下得到了 SSBE 方法的强收敛的阶是 $\gamma = 1/2$。继而，在 2005 年，Higham et al.[208] 研究了 Poisson 跳跃随机系统的 SSBE 方法，得到了与文献［138］相应的结论。在 2009 年，Zhang et al.[142] 研究了线性时滞随机系统的 SSBE 方法的收敛性和稳定性。Jiang 等[263,265] 讨论了随机系统 Euler 方法和 SSBE 方法的收敛性和稳定性。

本章将主要讨论随机神经网络的 SSBE 方法的稳定性，建立数值稳定性的必要条件。

3.2　随机时滞 Hopfield 神经网络稳定性

在本章，我们令 $(\Omega, F, \{F_t\}_{t \geqslant 0}, P)$ 是一个完备概率空间，且 $\{F_t\}_{t \geqslant 0}$ 满足通常的条件，即它包含所有的 p – null 集，并且是右连续的。让 $C([-\tau, 0]; R^n)$ 是从 $[-\tau, 0]$ 到 R^n 的连续函数 ξ，其范数 $\|\xi\| = \sup_{-\tau \leqslant t \leqslant 0} |\xi(t)|$，$|\cdot|$ 是 R^n 上的欧式范数。$C_{F_0}^b([-\tau, 0]; R^n)$ 表示所有有界的，F_0 – 可测的，$C([-\tau, 0]; R^n)$ – 值的随机变量族。进一步，如果 A 是一个向量或矩阵，那么 A^T 表示 A 的转置。E 表示关于 P 的数学期望，$\xi = \{\xi(t) = (\xi_1(t), \ldots, \xi_n(t))^T\} \in C_{F_0}^b([-\tau, 0]; R^n)$ 和

$x(t) = (x_1(t),\dots,x_n(t))^T$。B（t）是定义在概率空间上的标准 Brown 运动。

考虑下面的随机时滞 Hopfield 神经网：

$$
\begin{cases}
dx_i(t) = \Big[-c_i x_i(t) + \sum_{j=1}^{n} a_{ij} f_j(x_j(t)) + \sum_{j=1}^{n} b_{ij} g_j(x_j(t-\tau_j)) \Big] dt + \\
\qquad\qquad \sigma_i(x_i(t)) dB_i(t) \\
x_i(t) = \xi_i(t), \ -\tau_i \leqslant t \leqslant 0
\end{cases}
\tag{3-1}
$$

其中 $i = 1,2,\dots,n, t \geqslant 0$。$n \geqslant 1$ 表示神经元数，x_i 表示在时间 t 处第 i 个神经元的状态变量。f_j 和 g_j 分别表示在 t 和 $t - \tau_j$ 处第 j 个输出。c_i, a_{ij}, b_{ij} 和 τ_j 是常数，其中 c_i 是一个正常数，τ_i 是一个非负常数和沿着第 i 个元的转移时滞；a_{ij} 和 b_{ij} 分别表示在时间 t 和 $t - \tau_j$ 处的第 j 个神经元的连接权和离散时滞连接权。

为了研究 Eq.（3 - 1）数值方法的稳定性，我们需要下面的假设：

（H1）．$f_j(0) = g_j(0) = \sigma_i(0) = 0$。$f_j, g_j$ 和 σ_i 满足全局 Lipschitz 条件，其 Lipschitz 常数分别是 $\alpha_j > 0, \beta_j > 0$ 和 $L_i > 0$。

由[31]知，在假设（H1）下，Eq.（3 - 1）在 $t \geqslant 0$ 时有一个全局解，记为 $x(t;\xi)$，或 $x(t)$。显然地，Eq.（3 - 1）有一个平稳点 x = 0。为了证明 Eq.（3 - 1）的数值方法对 Eq.（3 - 1）解析解的稳定性的复制，我们首先给出下面的一个结论[225]：

定理 3.1：如果（H1）和（H2）成立，（H2）对 $i = 1,2,\dots,n$，

$$
-2c_i + \sum_{j=1}^{n} |a_{ij}| \alpha_j + \sum_{j=1}^{n} |b_{ij}| \beta_j + \sum_{j=1}^{n} |a_{ji}| \alpha_i + \sum_{j=1}^{n} |b_{ji}| \beta_i + L_i^2 < 0
$$

则 Eq.（3 - 1）是均方指数稳定的。

3.3　SSBE 方法的稳定性

在本章，我们将显示 Eq.（3 - 1）的数值方法对 Eq.（3 - 1）解析解稳定性的复制。根据文献［265］的数值方法，我们对 Eq.（3 - 1）应用 Split - Step Backward Euler（SSBE）方法，从而 Eq.（3 - 1）的 SSBE 方法的迭代格式如下：

$$
\begin{cases}
y_{i,k}^{*} = y_{i,k} + \Big[-c_i y_{i,k}^{*} + \sum_{j=1}^{n} a_{ij} f_j(y_{i,k}) + \sum_{j=1}^{n} b_{ij} g_j(y_{i,k-m_j+1}) \Big] \Delta \\
y_{i,k+1} = y_{i,k}^{*} + \sigma_i(y_{i,k}^{*}) \Delta B_{i,k}
\end{cases}
\tag{3-2}
$$

其中 $0 < \Delta < 1$ 是步长，且对正整数 m_j，$\tau_j = m_j\Delta$. $t_k = k\Delta$. $$y_{i,k}$ 是 $x(t_k)$ 的逼近。当 $t_k \leq 0$，我们有 $y_k = \xi(t_k)$。进一步，增量 $\Delta B_{i,k} := B(t_{k+1}) - B(t_k)$ 是独立于 $N(0,\Delta)$ – 分布的 Gauss 随机变量。假设 $y_{i,k}$ 在 t_k 是 F_{t_k} – 可测的。

注 3.1：由文献［265］，我们知道 Eq.（3-1）的数值解收敛于 Eq.（3-1）的解析解，也就是说，存在一个独立于 Δ 的正常数 C 使得 $E|x_i(k\Delta) - y_{i,k}|^2 \leq C\Delta$，其中，$i = 1,2,\dots,n; k = 0,1,2,\dots$。

为了分析 SSBE 方法的稳定性，我们首先定义数值方法的均方稳定性。

定义 3.1：假设（H1），（H2）和（H3）

$$\sum_{j=1}^n |a_{ij}|\alpha_j + \sum_{j=1}^n |b_{ij}|\beta_j \leq \sum_{j=1}^n |a_{ji}|\alpha_i + \sum_{j=1}^n |b_{ji}|\beta_i$$

成立，如果存在 $\Delta_0 > 0$ 由 Eq.（3-1）的数值迭代生成的逼近 $\{y_{i,k}\}$ 满足对每一步长 $\Delta \in (0,\Delta_0)$，$\Delta = \tau_j/m_j$，有：

$$\lim_{k \to \infty} E|y_{i,k}|^2 = 0$$

那么称此数值方法是均方稳定的（MS – 稳定的）。

为了方便，我们记：

$$\mu := \left(\sum_{j=1}^n |a_{ij}|\alpha_j + \sum_{j=1}^n |b_{ij}|\beta_j\right)^2 \tag{3-3}$$

$$\nu := -c_i^2 + 2L_i^2\sum_{j=1}^n(|a_{ij}|\alpha_j + |b_{ij}|\beta_j) + \mu \tag{3-4}$$

和

$$\lambda := -2c_i + L_i^2 + 2\sum_{j=1}^n(|a_{ij}|\alpha_j + |b_{ij}|\beta_j) \tag{3-5}$$

定理 3.2：假设（H1），（H2）和（H3）成立。如果 $\Delta \in (0,\Delta_0)$ 和 $\Delta_0 = \min_{1 \leq i \leq n}\{1,\Delta_i\}$ $，其中：

$$\Delta_i = \min_i\left\{\frac{-\nu + \sqrt{\nu^2 - 4L_i^2\mu\lambda}}{2\mu L_i^2}\right\} > 0 \tag{3-6}$$

则方程（3-1）的 SSBE 方法是 MS – 稳定性的。

证明：由 Eq.（3-2），我们有：

$$(1 + c_i\Delta)(y_{i,k}^*) = \left[y_{i,k} + \Delta\sum_{j=1}^n a_{ij}f_j(y_{j,k}) + \Delta\sum_{j=1}^n b_{ij}g_j(y_{j,k-m_j+1})\right]$$

对上面的等式平方可以得到：

$$(1 + c_i\Delta)^2(y_{i,k}^*)^2 = \left[y_{i,k} + \Delta\sum_{j=1}^n a_{ij}f_j(y_{j,k}) + \Delta\sum_{j=1}^n b_{ij}g_j(y_{j,k-m_j+1})\right]^2 = (y_{i,k})^2 +$$

$$\Big(\Delta \sum_{j=1}^{n} a_{ij}f_j(y_{j,k})\Big)^2 + \Big(\Delta \sum_{j=1}^{n} b_{ij}g_j(y_{j,k-m_j+1})\Big)^2 + 2y_{i,k}\Delta \sum_{j=1}^{n} a_{ij}f_j(y_{j,k}) + 2y_{i,k}\Delta \sum_{j=1}^{n} b_{ij}g_j(y_{j,k-m_j+1}) +$$

$$2\Delta^2 \sum_{j=1}^{n} a_{ij}f_j(y_{j,k}) \sum_{j=1}^{n} b_{ij}g_j(y_{j,k-m_j+1}) \tag{3-7}$$

注意到不等式 $2abxy \leqslant |ab|(x^2+y^2), a,b \in R$。则：

$$(1+c_i\Delta)^2(y_{i,k}^*)^2 \leqslant (y_{i,k})^2 + \Delta^2 \sum_{j=1}^{n}|a_{ij}|\alpha_j \sum_{r=1}^{n}|a_{ir}|\alpha_r(y_{j,k})^2 + \Delta^2 \sum_{j=1}^{n}|b_{ij}|\beta_j$$

$$\sum_{r=1}^{n}|b_{ir}|\beta_r(y_{j,k-m_j+1})^2 + \Delta \sum_{j=1}^{n}|a_{ij}|\alpha_j(y_{j,k}^2+y_{i,k}^2) + \Delta \sum_{j=1}^{n}|b_{ij}|\beta_j(y_{j,k-m_j+1}^2+y_{i,k}^2) +$$

$$\Delta \sum_{j=1}^{n}|a_{ij}|\alpha_j(y_{j,k}^2+y_{i,k}^2) + \Delta \sum_{j=1}^{n}|b_{ij}|\beta_j(y_{j,k-m_j+1}^2+y_{i,k}^2) + \Delta^2 \sum_{j=1}^{n}|a_{ij}|\alpha_j \sum_{j=1}^{n}|b_{ij}|\beta_j$$

$$(y_{j,k-m_j+1}^2+y_{j,k}^2) \tag{3-8}$$

对上式两边同时求期望，则有：

$$E((1+c_i\Delta)^2(y_{i,k}^*)^2) \leqslant E((y_{i,k})^2) + E\Big(\Delta^2 \sum_{j=1}^{n}|a_{ij}|\alpha_j \sum_{r=1}^{n}|a_{ir}|\alpha_r(y_{j,k})^2\Big) +$$

$$E\Big(\Delta^2 \sum_{j=1}^{n}|b_{ij}|\beta_j \sum_{r=1}^{n}|b_{ir}|\beta_r(y_{j,k-m_j+1})^2\Big) + E\Big(\Delta \sum_{j=1}^{n}|a_{ij}|\alpha_j(y_{j,k}^2) + E(y_{i,k}^2) + \Delta \sum_{j=1}^{n}|b_{ij}|\beta_j$$

$$(y_{j,k-m_j+1}^2+y_{i,k}^2)\Big) + E\Big(\Delta^2 \sum_{j=1}^{n}|a_{ij}|\alpha_j \sum_{j=1}^{n}|b_{ij}|\beta_j(y_{j,k-m_j+1}^2+y_{j,k}^2)\Big)$$

令 $Y_{i,k} = Ey_{i,k}^2$，由根据（H1）得：

$$(1+c_i\Delta)^2 Y_{i,k}^* \leqslant E((y_{i,k})^2 + \Delta^2 \sum_{j=1}^{n}|a_{ij}|\alpha_j \sum_{r=1}^{n}|a_{ir}|\alpha_r(y_{j,k})^2) + E\Big(\Delta^2 \sum_{j=1}^{n}|b_{ij}|$$

$$\beta_j \sum_{r=1}^{n}|b_{ir}|\beta_r(y_{j,k-m_j+1})^2\Big) + E\Big(\Delta \sum_{j=1}^{n}|a_{ij}|\alpha_j(y_{j,k}^2+y_{i,k}^2)\Big) + E\Big(\Delta \sum_{j=1}^{n}|b_{ij}|\beta_j(y_{j,k-m_j+1}^2+$$

$$y_{i,k}^2)\Big) + E\Big(\Delta^2 \sum_{j=1}^{n}|a_{ij}|\alpha_j \sum_{j=1}^{n}|b_{ij}|\beta_j(y_{j,k-m_j+1}^2+y_{j,k}^2)\Big) = Y_{i,k} + \Delta^2 \sum_{j=1}^{n}|a_{ij}|\alpha_j \sum_{r=1}^{n}|a_{ir}|\alpha_r Y_{j,k} +$$

$$\Delta^2 \sum_{j=1}^{n}|b_{ij}|\beta_j \sum_{r=1}^{n}|b_{ir}|\beta_r Y_{j,k-m_j+1} + \Delta \sum_{j=1}^{n}|a_{ij}|\alpha_j(Y_{j,k}+Y_{i,k}) + \Delta \sum_{j=1}^{n}|b_{ij}|\beta_j(Y_{j,k-m_j+1}+$$

$$Y_{i,k}) + \Delta^2 \sum_{j=1}^{n}|a_{ij}|\alpha_j \sum_{j=1}^{n}|b_{ij}|\beta_j(Y_{j,k-m_j+1}+Y_{j,k}) \tag{3-9}$$

另一方面，由（3-1）和（H1）有：

$$y_{i,k+1}^2 \leqslant (y_{i,k}^*)^2 + L_i^2(y_{i,k}^*)^2(\Delta B_{i,k})^2 + 2y_{i,k}^*\sigma_i(y_{i,k}^*)\Delta B_{i,k} \tag{3-10}$$

注意到 $E\Delta B_{i,k} = 0$ 和 $E(\Delta B_{i,k})^2 = \Delta$。由（3.10）得：

$$E(y_{i,k+1}^2) \leqslant E((y_{i,k}^*)^2 + L_i^2(y_{i,k}^*)^2(\Delta B_{i,k})^2) + E(2y_{i,k}^*\sigma_i(y_{i,k}^*)\Delta B_{i,k}) \leqslant$$

$$E((y_{i,k}^*)^2 + L_i^2(y_{i,k}^*)^2)\Delta$$

即：

$$Y_{i,k+1} \leqslant Y_{i,k}^* + L_i^2 \Delta Y_{i,k}^* \qquad (3-11)$$

将（3-9）带入（3-11），我们有：

$$Y_{i,k+1} \leqslant \frac{1+L_i^2\Delta}{(1+c_i\Delta)^2}\Big(Y_{i,k} + \Delta^2\sum_{j=1}^n |a_{ij}|\alpha_j\sum_{r=1}^n |a_{ir}|\alpha_r Y_{j,k} + \Delta^2\sum_{j=1}^n |b_{ij}|\beta_j\sum_{r=1}^n |b_{ir}|$$

$$\beta_r Y_{j,k-m_j+1} + \Delta\sum_{j=1}^n |a_{ij}|\alpha_j(Y_{j,k}+Y_{i,k}) + \Delta\sum_{j=1}^n |b_{ij}|\beta_j(Y_{j,k-m_j+1}+Y_{i,k}) + \Delta^2\sum_{j=1}^n |a_{ij}|$$

$$\alpha_j\sum_{j=1}^n |b_{ij}|\beta_j(Y_{j,k-m_j+1}+Y_{j,k})\Big)$$

化简上式，我们就得到：

$$Y_{i,k+1} \leqslant PY_{i,k} + \sum_{j=1}^n Q_j Y_{j,k} + \sum_{j=1}^n R_j Y_{j,k-m_j+1} \qquad (3-12)$$

其中：

$$P = \frac{1+L_i^2\Delta}{(1+c_i\Delta)^2}\Big[1 + \Delta\sum_{j=1}^n |a_{ij}|\alpha_j + \Delta\sum_{j=1}^n |b_{ij}|\beta_j\Big]$$

$$Q_j = \frac{1+L_i^2\Delta}{(1+c_i\Delta)^2}\Big[\Delta^2|a_{ij}|\alpha_j\sum_{j=1}^n |a_{ir}|\alpha_r + \Delta|a_{ij}|\alpha_j + \Delta^2|a_{ij}|\alpha_j\sum_{j=1}^n |b_{ij}|\beta_j\Big]$$

$$R_j = \frac{1+L_i^2\Delta}{(1+c_i\Delta)^2}\Big[\Delta^2|b_{ij}|\beta_j\sum_{j=1}^n |b_{ir}|\beta_r + \Delta|b_{ij}|\beta_j + \Delta^2|b_{ij}|\alpha_j\sum_{j=1}^n |b_{ij}|\beta_j\Big]$$

从而：

$$Y_{i,k} \leqslant \Big(P + \sum_{j=1}^n Q_j + \sum_{j=1}^n R_j\Big)\max_{1\leqslant j\leqslant n}\{Y_{i,k}, Y_{j,k}, Y_{j,k-m_j+1}\}$$

由迭代计算得到如果：

$$P + \sum_{j=1}^n Q_j + \sum_{j=1}^n R_j < 1 \qquad (3-13)$$

则当 $k \to \infty$，$Y_{i,k} \to 0$。

（3-13）等价于：

$$\mu L_i^2\Delta^2 + \nu\Delta + \lambda < 0 \qquad (3-14)$$

其中，μ，ν 和 λ 与（3-3），（3-4）和（3-5）定义的一样。由（H2）和（H3）我们很容易看到 $\mu > 0, \lambda < 0$。因此：

$$\Delta_i = \min_i\{(-\nu + \sqrt{\nu^2 - 4L_i^2\mu\lambda})/(2\mu L_i^2)\} > 0$$

从而对 $\Delta \in (0, \Delta_i)$，（3-13）成立。

令：

$$\Delta_0 = \min_{1 \leqslant i \leqslant n} \{1, \Delta_i\}$$

则：

$$\lim_{k \to \infty} E(y_{i,k})^2 = 0$$

即：Eq. (3 - 1) 的 SSBE 方法是 MS - 稳定的。证毕。

3.4　数值仿真

在本节，我们将给出几个例子来显示结论的有效性。直观地显示所得到的数值稳定性。进一步，将 SSBE 方法的稳定性与 Euler - Maruyama 方法[223]的稳定性作比较。

例 3.1：令 B(t) 是比例 Brown 运动。考虑下面的一个二维随机时滞 Hopfield 神经网络：

$$d\begin{pmatrix} x_1(t) \\ x_2(t) \end{pmatrix} = -Cx(t)dt + A\begin{pmatrix} f(x_1(t)) \\ f(x_2(t)) \end{pmatrix}dt + B\begin{pmatrix} g(x_1(t-1)) \\ g(x_2(t-2)) \end{pmatrix}dt +$$

$$\sigma\begin{pmatrix} x_1(t) \\ x_2(t) \end{pmatrix}dB(t) \tag{3 - 15}$$

其中，$t \geqslant 0$，初始值 $x_1(t) = t + 1, t \in [-1, 0]$；$x_2(t) = t + 1, t \in [-2, 0]$

令 $f(x) = \sin x, g(x) = \arctan x$

$$C = \begin{pmatrix} 20 & 0 \\ 0 & 20 \end{pmatrix}, A = \begin{pmatrix} 4 & -5 \\ -6 & 3 \end{pmatrix}, B = \begin{pmatrix} -6 & 4 \\ 3 & 1 \end{pmatrix}, \sigma = \begin{pmatrix} 1 & 0 \\ 0 & -\sqrt{5} \end{pmatrix}$$

在这个例子中，我们将显示步长 4 对 SSBE 方法均方稳定性的影响，并与文献［223］中的结论比较，显示 SSBE 方法的优越性。本节仿真图是根据 100 条轨迹的均方绘制，即：

$$\omega_i : 1 \leqslant i \leqslant 100, Y_n = \frac{1}{100}\sum_{i=1}^{100}\left(|Y_{1,n}(\omega_i)|^2 + |Y_{2,n}(\omega_i)|^2\right)$$

此方程在文献［223］中已经被讨论。令 $\alpha_j = \beta_j = 1 (j = 1, 2), L_1 = 1$，和 $L_2 = \sqrt{5}$。则通过计算，我们知道（H1）和（H2）成立，且：

$$\sum_{j=1}^{n}|a_{ij}|\alpha_j + \sum_{j=1}^{n}|b_{ij}|\beta_j = \sum_{j=1}^{n}|a_{ji}|\alpha_i + \sum_{j=1}^{n}|b_{ji}|\beta_i = \begin{cases} 19, & i = 1 \\ 13, & i = 2 \end{cases}$$

即,(H3)成立。从而由定理 3.2 得到对 $\Delta \in (0, 0.2806)$,Eq.(3-15)的 SSBE 方法是 MS - 稳定的。

图 3-1 和 3-2 显示当 $\Delta = 0.01, 0.02$,Eq.(3-15)的 SSBE 方法是 MS - 稳定的。然而,对同样的方程,当 $\Delta \in (0, 0.05)$ 时,Euler - Maruyama 方法是 MS - 稳定的;当 $\Delta = 0.1$ 和 $\Delta = 0.2$ 时,Euler - Maruyama 方法是不稳定的[223]。图 3-3,图 3-4 和图 3-5 显示了当 $\Delta = 0.1, 0.2, 0.25$ 时 SSBE 方法是 MS - 稳定的。

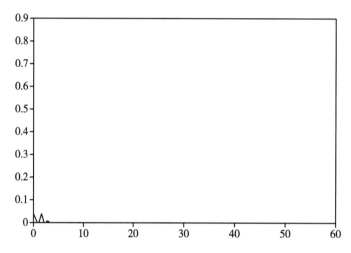

图 3-1 当 $\Delta = 0.01$ 时 SSBE 方法的数值仿真

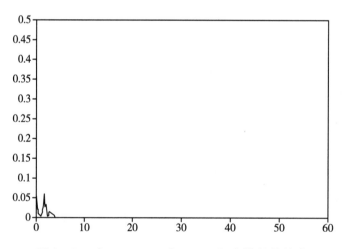

图 3-2 当 $\Delta = 0.02$ 时 SSBE 方法的数值仿真

图 3-6 和图 3-7 显示当 $\Delta = 0.5$ 时 SSBE 方法是不稳定的。对此例来说,SSBE method 比 Euler - Maruyama 方法[223]更稳定,显示了 SSBE 方法的优越性。在此意义上,我们提高了文献 [223] 中的结论。

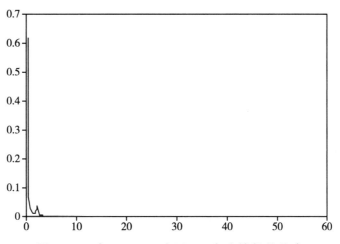

图 3 - 3　当 Δ = 0.1 时 SSBE 方法的数值仿真

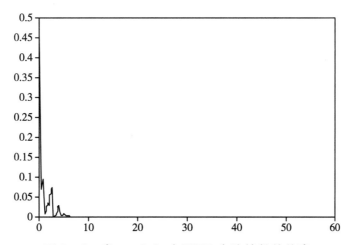

图 3 - 4　当 Δ = 0.2 时 SSBE 方法的数值仿真

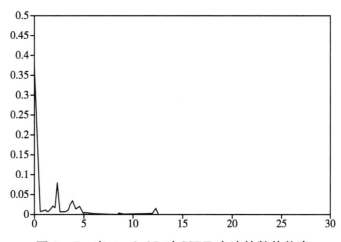

图 3 - 5　当 Δ = 0.25 时 SSBE 方法的数值仿真

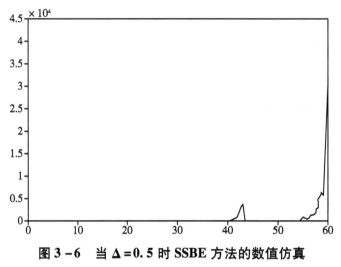

图 3 – 6   当 Δ = 0.5 时 SSBE 方法的数值仿真

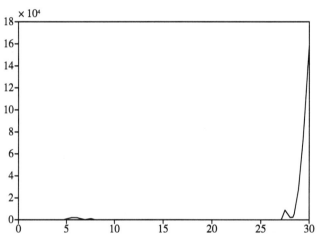

图 3 – 7   当 Δ = 0.4 时 SSBE 方法的数值仿真

3.5   本章小结

　　本章讨论了随机时滞 Hopfield 神经网络的 SSBE 方法，研究了随机时滞 Hopfield 神经网络的 SSBE 方法的稳定性，显示 SSBE 方法对解析解的 MS – 稳定性的复制。结论表明与 Euler – Maruyama 方法相比较，SSBE 方法的稳定性区域具有更大的稳定性区域，然而其稳定性区域可能还不是最优的，需要开发稳定性更好的数值迭代格式。

第 4 章　Markov 切换随机时滞神经网络的 EM 方法稳定性

4.1　引　言

随机神经网络的稳定性研究是各个领域都具有广泛的应用。目前，已经有大量的报道，给出了关于随机神经网络的一系列稳定性条件。

另一方面，随机神经网络的解一般都是很难求出显式解的。所以可以如同随机系统一样，利用数值方法来研究随机神经网络。目前，对随机系统或随机时滞系统等的研究已经有了许多的结果。Milstein 和 Kloeden 等[46,47]的著作详细讨论了一般随机系统的各种数值方法（例如：Euler – Maruyama 方法，半隐式 Euler 方法，Milstein 方法和 Taylor 方法等）的构造及其在全局 Lipschitz 条件下的强解和弱解的收敛性。文献［159］研究了一类线性随机时滞系统的半隐式 Euler 方法的 T – 稳定性。文献［161］构造了随机泛函系统的 Euler – Maruyama 方法，并在局部 Lipschitz 条件和线性增长条件下讨论了其数值方法的收敛性问题。文献［162］在局部 Lipschitz 条件和线性增长条件下构造了随机时滞系统的 Euler – Maruyama 方法，并讨论了其数值方法的收敛性问题。2010 年在文献［163］中 Mao 用 Khasminskii 型条件代替了线性增长条件，并结合局部 Lipschitz 条件研究了随机时滞系统的 Euler – Maruyama 方法的收敛性。文献［164］首次对中立型随机泛函系统构造了 Euler – Maruyama 方法，建立了在局部 Lipschitz 条件和线性增长条件下系统的数值方法的收敛性，并在全局 Lipschitz 条件和线性增长条件下给出了系统的数值方法的收敛的阶，然而并没有给出在局部 Lipschitz 条件下数值方法的收敛的阶。而文献［170］在全局 Lipschitz 条件下利用数值方法的收敛性行为建立了非线性随机系统的 Euler – Maruyama 方法的指数稳定性的等价命题，并指明了在局部 Lipschitz 条件下并不能得到随机系统的指数稳定性和对应随机系统数值方法的指数稳定性等价的结论，也证明了在单边 Lipschitz 条件下随机系统数值方法的收敛性行为。

文献［197］在非线性增长条件下研究了 Markov 跳跃随机时滞系统的数值方法的收敛性问题。文献［199］在线性增长条件下将文献［169］的结论推广到 Markov 跳跃随机系统，得到了 Markov 跳跃随机系统 Euler – Maruyama 方法的几乎处处指数稳定性和小阶矩指数稳定性。

本章我们将 Markov 跳跃随机系统 Euler – Maruyama 方法应用于随机神经网络，讨论随机神经网络 Euler – Maruyama 方法的均方稳定性。

4.2　Markov 切换随机时滞神经网络指数稳定性

在本章，我们令 $(\Omega, F, \{F_t\}_{t \geqslant 0}, P)$ 是一个完备概率空间，且 $\{F_t\}_{t \geqslant 0}$ 满足通常的条件，即它包含所有的 p – null 集，并且是右连续的。让 $C([-\tau, 0]; R^n)$ 是从 $[-\tau, 0]$ 到 R^n 的连续函数 ξ 族，其范数 $\|\xi\| = \sup_{-\tau \leqslant t \leqslant 0} |\xi(t)|$，$|\cdot|$ 是 R^n 上的欧式范数。$C^b_{F_0}([-\tau, 0]; R^n)$ 表示所有有界的，F_0 – 可测的，$C([-\tau, 0]; R^n)$ – 值的随机变量族。进一步，如果 A 是一个向量或矩阵，那么 A^T 表示 A 的转置。E 表示关于 P 的数学期望，$\xi = \{\xi(t) = (\xi_1(t), \dots, \xi_n(t))^T\} \in C^b_{F_0}([-\tau, 0]; R^n)$ 和 $x(t) = (x_1(t), \dots, x_n(t))^T$。$B(t)$ 是定义在概率空间上的 Brown 运动。

令 $r(t), t \geqslant 0$ 是定义在概率空间上的有连续 Markov 链，并取值于有限状态空间 $S = \{1, 2, \dots, N\}$，其生成子 $\Gamma = (\gamma_{ij})_{N \times N}$ 满足：

$$P\{r(t + \Delta) = j \mid r(t) = i\} = \begin{cases} \gamma_{ij}\Delta + o(\Delta), & i \neq j \\ 1 + \gamma_{ii}\Delta + o(\Delta), & i = j \end{cases}$$

其中，$\Delta > 0$，如果 $\gamma_{ij} \geqslant 0$，$\gamma_{ij} \geqslant 0$ 是 i 到 j 的转移率，而 $\gamma_{ii} = -\sum_{j \neq i} \gamma_{ij}$。我们始终假设 Markov 链 $r(\cdot)$ 是与 Brown 运动 $B(t)$ 独立的。对 $r(t)$，我们需要下面的一个引理[126]。

引理 4.1：设 $\Delta > 0$，$r_m^{\Delta} = r(m\Delta)$，其中 $m \geqslant 0$。则 $\{r_m^{\Delta}, m = 0, 1, 2, \dots\}$ 是一

个离散的 Markov 链，其转移概率矩阵为：

$$P(\Delta) = (P_{ij}(\Delta))_{N\times N} = e^{\Delta\Gamma}$$

现在我们将给出 Markov 链的模拟过程：考虑步长 $\Delta > 0$，我们计算一步转移概率矩阵：

$$P(\Delta) = (P_{ij}(\Delta))_{N\times N} = e^{\Delta\Gamma}$$

令 $r_0^\Delta = i_0$ 和在一致分布 $[0,1]$ 上生成一个随机数 ξ_1。定义：

$$r_1^\Delta = \begin{cases} i_1, \text{ 若 } i_1 \in S - \{N\} \text{ 使得 } \sum_{j=1}^{i_1-1} P_{i_0,j}(\Delta) \leq \xi_1 < \sum_{j=1}^{i_1} P_{i_0,j}(\Delta) \\ N, \text{ 若 } \sum_{j=1}^{N-1} P_{i_0,j}(\Delta) \leq \xi_1 \end{cases}$$

其中，我们约定 $\sum_{i=1}^{0} P_{i_0,j}(\Delta) = 0$。在一致分布 $[0,1]$ 上新生成一个独立的随机数 ξ_2，并定义：

$$r_2^\Delta = \begin{cases} i_2, \text{ 若 } i_2 \in S - \{N\} \text{ 使得 } \sum_{j=1}^{i_2-1} P_{r_1^\Delta,j}(\Delta) \leq \xi_2 < \sum_{j=1}^{i_2} P_{r_1^\Delta,j}(\Delta), \\ N, \text{ 若 } \sum_{j=1}^{N-1} P_{r_1^\Delta,j}(\Delta) \leq \xi_2 \end{cases}$$

重复这一过程 $\{r_k^\Delta, k = 0,1,2,\dots\}$ 能生成，从而可以得到更多的轨道。

本章考虑下面的具有 Markov 切换随机时滞神经网络模型：

$$dx(t) = [-C(r(t))x(t) + A(r(t))f(x(t)) + B(r(t))g(x_\tau(t))]dt + \sigma(x(t),r(t))dB(t) \tag{4-1}$$

其中 $x(t) = \xi(t)$，$-\tau \leq t \leq 0$，为了方便，我们记 $A(i) = A^i$ etc。

$x(t) = (x_1(t),x_2(t),\dots,x_n(t))^T$，$C^i = \text{diag}(C_1^i,C_2^i,\dots,C_n^i)$，$\tau = \max_{1\leq k\leq n}\tau_k$，$A^i = (a_{kl}^i)_{n\times n}$，$B^i = (b_{kl}^i)_{n\times n}$，$f(x(t)) = (f_1(x_1(t)),\dots,f_n(x_n(t)))^T$，

$g(x_\tau(t)) = (g_1(x_1(t-\tau_1)),\dots,g_n(x_n(t-\tau_n)))^T$，$B(t) = (B_1(t), B_2(t),\dots,B_n(t))^T$，

$\xi(t) = (\xi_1(t),\dots,\xi_n(t))^T$，$\sigma(x,i) = \sigma_k^i(x)$，$x_\tau(t) = (x_1(t-\tau_1),\dots,x_n(t-\tau_n))^T$

在神经网络（4-1）中，$n \geq 1$ 是神经元的个数，x_k 是状态变量，f_l 和 g_l 是在时间 t 和 $t-\tau_l$ 的输出。c_k^i，a_{kl}^i，b_{kl}^i 和 τ_l 是常数。其中 c_k^i 是正常数，τ_l 是非负常数，a_{kl}^i 和 b_{kl}^i 为时间 t 和 $t-\tau_l$ 的权重。

为了讨论随机神经网络数值方法的稳定性，我们需要下面的一些假设：
（A1）$f_l(0) = g_l(0) = \sigma_k^i(0) = 0$。$f_l, g_l$ 和 σ_k^i 满足 Lipschitz 条件，其 Lipschitz 常数分别为 $\alpha_l > 0, \beta_l > 0$ 和 $L_k^i > 0$。

（A2）对 $i \in S, k = 1, 2, \ldots, n$，

$$-2c_k^i + \sum_{l=1}^{n} |a_{kl}^i| \alpha_l + \sum_{l=1}^{n} |b_{kl}^i| \beta_l + \sum_{j=1}^{N} |\gamma_{ij}| + (L_k^i)^2 + \sum_{l=1}^{n} |a_{lk}^i| \alpha_k +$$

$$\sum_{l=1}^{n} |b_{lk}^i| \beta_k < 0$$

（A3）对每一个 $i \in S$，

$$\sum_{l=1}^{n} |a_{kl}^i| \alpha_l + \sum_{l=1}^{n} |b_{kl}^i| \beta_l \leqslant \sum_{l=1}^{n} |a_{lk}^i| \alpha_k + \sum_{l=1}^{n} |b_{lk}^i| \beta_k$$

由文献［126］，我们知道在假设（A1）下，神经网络（4-1）在 $t \geqslant 0$ 时存在一个全局解，记为 $x(t; \xi, i_0)$，或 $x(t)$。显然，神经网络（4-1）有一个平稳点 $x = 0$。

现在我们将给出系统（4-1）解析解的指数稳定性。

定义 4.1：对系统（4-1）和 $\xi \in L_{F_0}^2([-\tau, 0]; R^n), i_0 \in S$，如果存在正常数 M 和 λ 使得：

$$E|x(t)|^2 \leqslant Me^{-\lambda t} E|\xi|^2$$

称系统（4-1）是均方指数稳定的。

定理 4.1：如果系统（4-1）满足（A1）和（A2），那么系统（4-1）是均方指数稳定的。

证明 根据题设，我们知道存在一个充分小的正常数 λ 使得：

$$-2c_k^i + \sum_{l=1}^{n} |a_{kl}^i| \alpha_l + \sum_{l=1}^{n} |b_{kl}^i| \beta_l + \sum_{j=1}^{N} |\gamma_{ij}| + (L_k^i)^2 + \sum_{l=1}^{n} |a_{lk}^i| \alpha_k +$$

$$e^{\lambda \tau} \sum_{l=1}^{n} |b_{lk}^i| \beta_k \leqslant 0$$

我们定义一个 Lyapunvon 函数 $V(x, t, i) = e^{\lambda t} x^T(t) x(t)$，应用 Itô 公式，我们有：

$$V(x(t), t, i) = V(x(0), 0, i_0) + \int_0^t \lambda e^{\lambda s} x^T(s) x(s) \mathrm{d}s + \int_0^t e^{\lambda s} \sum_{j=1}^{N} \gamma_{ij} x^T(s) x(s) \mathrm{d}s +$$

$$\int_0^t 2e^{\lambda s} \{-C^i x(s) + A^i f(x(s)) + B^i g(x_\tau(s))\} \mathrm{d}s + \int_0^t e^{\lambda s} \mathrm{trace}[\sigma^T(x(s), i) \sigma(x(s),$$

$$i)] \mathrm{d}s + M(t) \leqslant V(x(0), 0, i_0) + \int_0^t \lambda e^{\lambda s} x^T(s) x(s) \mathrm{d}s + M(t) + \int_0^t 2e^{\lambda s} \sum_{k=1}^{n} \{[-c_k^i +$$

$$\frac{1}{2}\sum_{l=1}^{n}\mid a_{kl}^{i}\mid\alpha_{l}+\frac{1}{2}\sum_{l=1}^{n}\mid b_{kl}^{i}\mid\beta_{l}+\frac{1}{2}\sum_{l=1}^{n}\mid\gamma_{ij}\mid]x_{k}^{2}(s)+[\frac{1}{2}\sum_{l=1}^{n}\mid a_{kl}^{i}\mid\alpha_{l}+\frac{1}{2}\sum_{l=1}^{n}(L_{l}^{i})^{2}]$$

$$x_{l}^{2}(s)+\frac{1}{2}\sum_{l=1}^{n}\mid b_{kl}^{i}\mid\beta_{l}x_{l}^{2}(s-\tau_{l})\}\mathrm{d}s,$$

其中，$M(t)=\int_{0}^{t}2e^{\lambda s}x^{T}(s)\sigma(x(s))\mathrm{d}B(s)$。另一方面，对 $t>0$，易得到：

$$\int_{0}^{t}e^{\lambda s}x_{l}^{2}(s-\tau_{l})\mathrm{d}s\leqslant e^{\lambda\tau}\int_{-\tau}^{0}e^{\lambda s}x_{l}^{2}(s)\mathrm{d}s+e^{\lambda\tau}\int_{0}^{t}e^{\lambda s}x_{l}^{2}(s)\mathrm{d}s$$

从而：

$$V(x(t),t,i)\leqslant V(x(0),0,i_{0})+M(t)+e^{\lambda\tau}\int_{-\tau}^{0}e^{\lambda s}\sum_{k=1}^{n}\sum_{l=1}^{n}\mid b_{kl}^{i}\mid\beta_{l}\mid x_{l}(s)\mid^{2}\mathrm{d}s+$$

$$\int_{0}^{t}e^{\lambda s}\sum_{k=1}^{n}\{[\lambda-2c_{k}^{i}+\sum_{l=1}^{n}\mid a_{kl}^{i}\mid\alpha_{l}+\sum_{l=1}^{n}\mid b_{kl}^{i}\mid\beta_{l}+\sum_{l=1}^{N}\mid\gamma_{ij}\mid+(L_{k}^{i})^{2}+\sum_{l=1}^{n}\mid a_{lk}^{i}\mid\alpha_{k}+$$

$$e^{\lambda\tau}\sum_{l=1}^{n}\mid b_{lk}^{i}\mid\beta_{k}]x_{k}^{2}(s)\}\mathrm{d}s\leqslant V(x(0),0,i_{0})+M(t)+e^{\lambda\tau}\int_{-\tau}^{0}e^{\lambda s}\sum_{k=1}^{n}\sum_{l=1}^{n}\mid b_{kl}^{i}\mid\beta_{l}\mid x_{l}(s)\mid^{2}\mathrm{d}s$$

我们有：

$$Ee^{\lambda t}\mid x(t)\mid^{2}\leqslant E\mid x(0)\mid^{2}+e^{\lambda\tau}\int_{-\tau}^{0}Ee^{\lambda s}\sum_{k=1}^{n}\sum_{l=1}^{n}\mid b_{kl}^{i}\mid\beta_{l}\mid x_{l}(s)\mid^{2}\mathrm{d}s$$

证毕。

4.3　EM 方法稳定性

在本节我们将研究随机时滞神经网络（4 – 1）的 Euler – Maruyama（EM）方法的稳定性。首先我们将随机时滞系统的 Euler – Maruyama 方法应用于（4 – 1）得到下面的迭代格式：

$$y_{k,M+1}=y_{k,M}+[-c_{k}(r_{M}^{\Delta})y_{k,M}+\sum_{l=1}^{n}a_{kl}(r_{M}^{\Delta})f_{l}(y_{k,M})+\sum_{l=1}^{n}b_{kl}(r_{M}^{\Delta})g_{l}(y_{k,M-m_{l}})]\Delta+$$

$$\sigma_{k}(y_{k,M},r_{M}^{\Delta})\Delta B_{k,M}$$

$$(4-2)$$

其中 Δ 是步长，m_{l} 为正整数，$\tau_{l}=m_{l}\Delta$。当 $t_{M}\leqslant 0$ 时，$y_{k,M}=\xi_{k}(t_{M})$。$\Delta B_{k,M}$ 是具有均值为 0，方差为 Δ 的标准正态分布。

定义 4.2：假设条件（A1）、（A2）和（A3）成立。如果存在步长 $\Delta>0$ 使得对 $\Delta\in(0,\Delta_{0})$，$\Delta=\dfrac{\tau_{l}}{m_{l}}$，系统的数值解 $\{y_{k,M}\}$ 满足：

$$\lim_{M \to \infty} E \, | \, Y_{k,M} \, |^2 = 0$$

我们称此数值方法是均方稳定的（MS – 稳定）。

定理 4.2：假设对任意的 $i \in S, (A1) - (A3)$ 成立，则系统（4 – 1）的 EM 方法是 MS – 稳定的。

证明 根据引理（4 – 1），在计算 $y_{k,M+1}$ 前，r_M^{Δ} 是已知的。由于 $r_M^{\Delta} \in S$，则对任意的 $i \in S$，由（4 – 2）有：

$$y_{k,M+1} = \left[(1 - c_k^i \Delta) y_{k,M} + \sigma_k(y_{k,M}, i) \Delta B_{k,M} \right] + \sum_{l=1}^{n} a_{kl}^i f_l(y_{k,M}) \Delta + \sum_{l=1}^{n} b_{kl}^i g_l(y_{k,M-m_l}) \Delta 。$$

平方上述等式两边得到：

$$y_{k,M+1}^2 = \left[(1 - c_k^i \Delta) y_{k,M} + \sigma_k(y_{k,M}, i) \Delta B_{k,M} \right]^2 + \Delta^2 \left(\sum_{l=1}^{n} a_{kl}^i f_l(y_{k,M}) \right)^2 + 2\Delta \left[(1 - c_k^i \Delta) y_{k,M} + \sigma_k(y_{k,M}, i) \Delta B_{k,M} \right] \sum_{l=1}^{n} a_{kl}^i f_l(y_{k,M}) + 2\Delta \left[(1 - c_k^i \Delta) y_{k,M} + \sigma_k(y_{k,M}, i) \Delta B_{k,M} \right]$$

$$\sum_{l=1}^{n} b_{kl}^i g_l(y_{k,M-m_l}) + 2\Delta^2 \sum_{l=1}^{n} a_{kl}^i f_l(y_{k,M}) \sum_{l=1}^{n} b_{kl}^i g_l(y_{k,M-m_l}) + \Delta^2 \left(\sum_{l=1}^{n} b_{kl}^i g_l(y_{k,M-m_l}) \right)^2$$

注意到 $2abxy \leqslant | ab | (x^2 + y^2), a, b \in R$，则：

$$y_{k,M+1}^2 \leqslant 2(1 - c_k^i \Delta) y_{k,M} \sigma_k(y_{k,M}, i) \Delta B_{k,M} + (1 - c_k^i \Delta)^2 y_{k,M}^2 + \sigma_k^2(y_{k,M}, i)$$

$$(\Delta B_{k,M})^2 + \Delta^2 \sum_{l=1}^{n} | a_{kl}^i | \alpha_l \sum_{p=1}^{n} | a_{kp}^i | \alpha_p y_{k,M}^2 + \Delta^2 \sum_{l=1}^{n} | b_{kl}^i | \beta_l \sum_{p=1}^{n} | b_{kp}^i | \beta_p y_{k,M-m_l}^2 +$$

$$\Delta \sum_{l=1}^{n} | (1 - c_k^i \Delta) a_{kl}^i | \alpha_l [y_{k,M}^2 + y_{l,M}^2] + 2\Delta \sigma_k^2(y_{k,M}, i) \Delta B_{k,M} \sum_{l=1}^{n} a_{kl}^i f_l(y_{k,M}) + \Delta \sum_{l=1}^{n} | (1 -$$

$$c_k^i \Delta) b_{kl}^i | \beta_l [y_{k,M}^2 + y_{l,M-m_l}^2] + 2\Delta \sigma_k^2(y_{k,M}, i) \Delta B_{k,M} \sum_{l=1}^{n} b_{kl}^i g_l(y_{k,M-m_l}) + \Delta^2 \sum_{l=1}^{n} | a_{kl}^i |$$

$$\alpha_l \sum_{l=1}^{n} | a_{kl}^i | \beta_l [y_{k,M}^2 + y_{l,M-m_l}^2] \tag{4 – 3}$$

由于，$E\Delta B_{k,M} = 0$，$E(\Delta B_{k,M})^2 = \Delta$ 和 $f_l(y_{k,M}), g_l(y_{k,M-m_l}), \sigma_k(y_{k,M}, i)$ 是 F_{t_M} – 可测的。从而：

$$E[\Delta B_{k,M} f_l(y_{k,M}) \sigma_k(y_{k,M}, i)] = E[\Delta B_{k,M} g_l(y_{k,M-m_l}) \sigma_k(y_{k,M}, i)] = 0$$

和

$$E[(\Delta B_{k,M})^2 \sigma_k(y_{k,M}, i)] = \Delta E \sigma_k(y_{k,M}, i)^2$$

从而：

$$E(y_{k,M+1}^2) \leqslant E(2(1 - c_k^i \Delta) y_{k,M} \sigma_k(y_{k,M}, i) \Delta B_{k,M}) + E((1 - c_k^i \Delta)^2 y_{k,M}^2) +$$

$$E(\sigma_k^2(y_{k,M}, i) (\Delta B_{k,M})^2) + E(\Delta^2 \sum_{l=1}^{n} | a_{kl}^i | \alpha_l \sum_{p=1}^{n} | a_{kp}^i | \alpha_p y_{k,M}^2) + E(\Delta^2 \sum_{l=1}^{n} | b_{kl}^i |$$

$$\beta_l \sum_{p=1}^n |b_{kp}^i| \beta_p y_{k,M-m_l}^2) + E(\Delta \sum_{l=1}^n |(1-c_k^i\Delta)a_{kl}^i| \alpha_l [y_{k,M}^2 + y_{l,M}^2]) + E(2\Delta\sigma_k^2(y_{k,M},$$

$$i)\Delta B_{k,M} \sum_{l=1}^n a_{kl}^i f_l(y_{k,M})) + E(\Delta \sum_{l=1}^n |(1-c_k^i\Delta)b_{kl}^i| \beta_l [y_{k,M}^2 + y_{l,M-m_l}^2]) + E(2\Delta\sigma_k^2(y_{k,M},$$

$$i)\Delta B_{k,M} \sum_{l=1}^n b_{kl}^i g_l(y_{k,M-m_l})) + E(\Delta^2 \sum_{l=1}^n |a_{kl}^i| \alpha_l \sum_{l=1}^n |a_{kl}^i| \beta_l [y_{k,M}^2 + y_{l,M-m_l}^2]) =$$

$$E((1-c_k^i\Delta)^2 y_{k,M}^2) + E(\sigma_k^2(y_{k,M},i))\Delta + E(\Delta^2 \sum_{l=1}^n |a_{kl}^i| \alpha_l \sum_{p=1}^n |a_{kp}^i| \alpha_p y_{k,M}^2) +$$

$$E(\Delta^2 \sum_{l=1}^n |b_{kl}^i| \beta_l \sum_{p=1}^n |b_{kp}^i| \beta_p y_{k,M-m_l}^2) + E(\Delta \sum_{l=1}^n |(1-c_k^i\Delta)a_{kl}^i| \alpha_l [y_{k,M}^2 + y_{l,M}^2]) +$$

$$E(2\Delta\sigma_k^2(y_{k,M},i)\Delta B_{k,M} \sum_{l=1}^n a_{kl}^i f_l(y_{k,M})) + E(\Delta \sum_{l=1}^n |(1-c_k^i\Delta)b_{kl}^i| \beta_l [y_{k,M}^2 + y_{l,M-m_l}^2]) +$$

$$E(\Delta^2 \sum_{l=1}^n |a_{kl}^i| \alpha_l \sum_{l=1}^n |a_{kl}^i| \beta_l [y_{k,M}^2 + y_{l,M-m_l}^2])$$

令 $Y_{k,M} = Ey_{k,M}^2$，根据（4-3）和（A1）得到：

$$Y_{k,M+1} \leqslant PY_{k,M} + \sum_{l=1}^n Q_l Y_{l,M} + \sum_{l=1}^n R_l Y_{l,M-m_l} \tag{4-4}$$

其中：

$$P = (1-c_k^i\Delta)^2 + (L_k^i)^2\Delta + \Delta \sum_{l=1}^n |(1-c_k^i\Delta)a_{kl}^i| \alpha_l + \Delta \sum_{l=1}^n |(1-c_k^i\Delta)b_{kl}^i| \beta_l$$

$$Q_l = \Delta^2 |a_{kl}^i| \alpha_l \sum_{p=1}^n |a_{kp}^i| \alpha_p + \Delta |(1-c_k^i\Delta)a_{kl}^i| \alpha_l + \Delta^2 |a_{kl}^i| \alpha_l \sum_{l=1}^n |b_{kp}^i| \beta_p$$

$$R_l = \Delta^2 |b_{kl}^i| \beta_l \sum_{p=1}^n |b_{kp}^i| \beta_p + \Delta |(1-c_k^i\Delta)b_{kl}^i| \beta_l + \Delta^2 |a_{kl}^i| \alpha_l \sum_{l=1}^n |b_{kp}^i| \beta_p$$

则 $Y_{k,M+1} \leqslant (P + \sum_{l=1}^n Q_l + \sum_{l=1}^n R_l) \max_{1 \leqslant l \leqslant n} \{Y_{k,M}, Y_{l,M}, Y_{l,M-m_l}\}$。从而 $Y_{k,M} \to 0(M \to \infty)$，这就意味着 $P + \sum_{l=1}^n Q_l + \sum_{l=1}^n R_l < 1$，这也等价于：

$$-2c_k^i + (L_k^i)^2 + 2\sum_{l=1}^n [1 - c_k^i\Delta a_{kl}^i| \alpha_l + |1 - c_k^i\Delta b_{kl}^i| \beta_l] + \Delta[(c_k^i)^2 +$$

$$(\sum_{l=1}^n |a_{kl}^i| \alpha_l)^2 + (\sum_{l=1}^n |b_{kl}^i| \beta_l)^2 + 2\sum_{l=1}^n |a_{kl}^i| \alpha_l \sum_{l=1}^n |b_{kl}^i| \beta_l] < 0 \tag{4-5}$$

令：

$$\Delta'_0 = \min\left\{\min_{i \in S} \frac{1}{|c_k^i|}, \min_{i \in S} \frac{2c_k^i - (L_k^i)^2 - 2\sum_{l=1}^n |a_{kl}^i| \alpha_l - 2\sum_{l=1}^n |b_{kl}^i| \beta_l}{(c_k^i - \sum_{l=1}^n |a_{kl}^i| \alpha_l - \sum_{l=1}^n |b_{kl}^i| \beta_l)^2}\right\}$$

由于（A2）和（A3），我们有 $\Delta'_0 > 0$。如果 $\Delta \in (0, \Delta'_0)$，则：

$$-2c_k^i + (L_k^i)^2 + 2\sum_{l=1}^n |a_{kl}^i| \alpha_l + 2\sum_{l=1}^n |b_{kl}^i| \beta_l + (c_k^i - \sum_{l=1}^n |a_{kl}^i| \alpha_l - \sum_{l=1}^n |b_{kl}^i| \beta_l)^2$$

< 0

这意味着（4-5）成立。

令 $\Delta_0 = \min\{1, \Delta'_0\}$，则：

$$\lim_{M \to \infty} E |y_{k,M}|^2 = 0$$

证毕。

4.4　数值仿真

例 4.1：设 $B(t)$ 是比例 Brown 运动，$r(t)$ 是取值于 S = $\{1, 2\}$ 的右连续 Markov 链，其生成子为：

$$\Gamma = \begin{pmatrix} -1 & 1 \\ 1 & -1 \end{pmatrix}$$

我们总假设 $B(t)$ 和 $r(t)$ 是独立的。

现在考虑下面的随机神经网络模型：

$$dx(t) = [-C^i x(t) + A^i f(x(t)) + B^i g(x_\tau(t))]dt + \sigma^i(x(t))dB(t),$$

$$(4-6)$$

其中初始值为 $x_1(t) = t + 1$，$t \in [-1, 0]$，$r(0) = 1$。

令：

$C^1 = -9$，$C^2 = -0.1$，$A^1 = 1$，$A^2 = 1$，$B^1 = 1$，$B^2 = 4$

$\sigma^1(x) = -2x$，$\sigma^2(x) = -9x$，$f(x) = \sin x$，$g(x) = x$

容易验证 $\alpha_1 = \beta_1 = 1$，定理 4.2 的条件均成立。如果 $\Delta \in (0, 0.11)$ 则系统的 EM 方法是 MS-稳定的。图 4-1 揭示了当 $\Delta = 0.02$ 时系统（4-6）数值解的稳定性，而图 4-2 显示了当 $\Delta = 0.25$ 时系统（4-6）数值解的不稳定性。此例刻画了系统（4-6）EM 方法对系统（4-6）解析解稳定性的复制。

例 4.2：设 B(t) 是比例 Brown 运动，r(t) 是取值于 S = $\{1, 2\}$ 的右连续

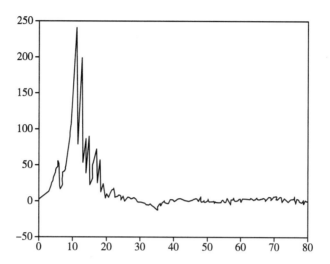

图 4-1　当 Δ = 0.02 时 EM - 方法的稳定性

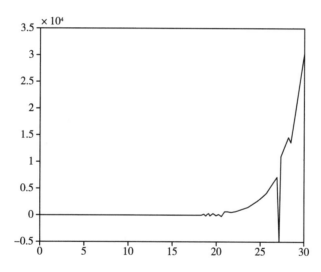

图 4-2　当 Δ = 0.25 时 EM - 方法的不稳定性

Markov 链，其生成子为：

$$\Gamma = \begin{pmatrix} -1 & 1 \\ 1 & -1 \end{pmatrix}$$

同时，假设 $B(t)$ 和 $r(t)$ 是独立的。

下面考虑一个二维随机时滞神经网络：

$$d\begin{pmatrix} x_1(t) \\ x_2(t) \end{pmatrix} = - C_i \begin{pmatrix} x_1(t) \\ x_2(t) \end{pmatrix} dt + A_i \begin{pmatrix} f(x_1(t)) \\ f(x_2(t)) \end{pmatrix} dt + B_i \begin{pmatrix} g(x_1(t-1)) \\ g(x_2(t-1)) \end{pmatrix} dt +$$

$$D_i \begin{pmatrix} x_1(t) \\ x_2(t) \end{pmatrix} dB(t) \qquad (4-7)$$

其中 $t \geqslant 0$，初始值 $x_i(t) = t + 1, i = 1,2, t \in [-1,0]$。

令 $f(x) = g(x) = \arctan x$，

$$C_1 = \begin{pmatrix} 6 & 0 \\ 0 & 6 \end{pmatrix}, C_2 = \begin{pmatrix} 5 & 0 \\ 0 & 5 \end{pmatrix}, A_1 = \begin{pmatrix} 0.2 & 0.1 \\ 0.3 & 0.1 \end{pmatrix},$$

$$A_2 = \begin{pmatrix} 0.1 & 0.2 \\ 0.2 & 0.3 \end{pmatrix}, B_1 = \begin{pmatrix} -0.1 & 0.2 \\ 0.2 & 0.3 \end{pmatrix}, B_2 = \begin{pmatrix} 0.3 & -0.1 \\ 0.2 & -0.2 \end{pmatrix},$$

$$D_1 = \begin{pmatrix} 0.6 & 0.1 \\ 0.1 & 0.2 \end{pmatrix}, D_2 = \begin{pmatrix} 0.8 & 0.2 \\ 0.2 & 0.3 \end{pmatrix}$$

此模型在文献［239］中已经讨论过，根据文献［239］的定理3我们知道此系统是指数稳定的。该例显示了步长对 EM 方法均方稳定性的影响。令 $\alpha_l = \beta_l = L_{i1} = L_{i2} = 1 (i = 1,2)$，则通过计算知道（A1），（A2）和（A3）成立，并且 $\lambda_1 = 5.4, 5.1, \lambda_2 = 4.3, 4.1$。有定理 4.2 知道当 $\Delta \in (0, 0.1667)$ 时系统是 MS – 稳定的。

图 4 – 3 和图 4 – 4 分别显示了当 $\Delta = 0.02, 0.1$ 时系统的 EM 方法是 MS – 稳定的。然后在图 4 – 5 中当 $\Delta = 0.4$ 时系统的 EM 方法不是 MS – 稳定的。

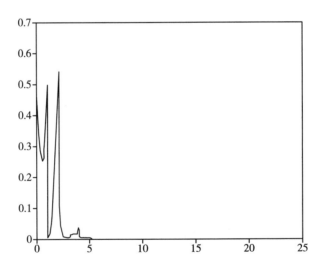

图 4 – 3   当 $\Delta = 0.02$ 时 EM – 方法的稳定性

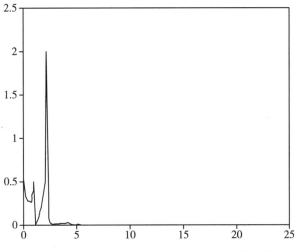

图 4 – 4　当 Δ = 0.1 时 EM – 方法的稳定性

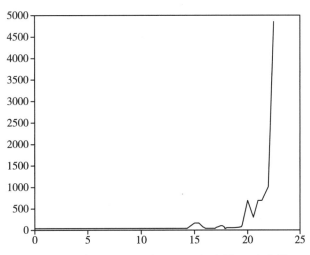

图 4 – 5　当 Δ = 0.4 时 EM – 方法的不稳定性

4.5　本章小结

　　本章讨论了具有 Markov 切换的随机时滞神经网络 EM 方法。首先证明了一类具有 Markov 切换的随机时滞神经网络解析解的指数稳定性结论，然后对具有 Markov 切换的随机时滞神经网络给出了 EM 方法迭代格式，建立了具有 Markov 切换的随机时滞神经网络的 MS – 稳定的一个充分条件。最后通过数值实例说明了本章中的数值方法的有效性和结论的正确性。

第 5 章　Markov 切换随机时滞神经网络的随机 θ - 方法稳定性

5.1　引　　言

Markov 切换随机神经网络在现实生活中具有重要的应用。通过 Markov 链可以将不稳定的神经网络变得稳定，达到镇定神经网络的目的。

众所周知，绝大部分 Markov 跳跃随机系统没有显示解，因此数值方法成为一种强有力的研究方法。虽然随机系统的数值方法被大量的研究，然而对 Markov 跳跃随机系统并不能照搬随机系统的数值方法，这主要是由于两个方面的原因：其一是数学上的困难，对 Markov 跳跃项需要新的技巧和方法；其二是大部分 Markov 跳跃随机系统不满足全局 Lipschitz 条件。在 2004 年，Yuan 和 Mao 在文献 [188] 中首次建立了 Markov 跳跃随机系统的 Euler - Maruyama 方法，利用随机分析工具在全局 Lipschitz 条件和局部 Lipschitz 条件下讨论了系统数值方法的收敛性问题，同时还揭示了在全局 Lipschitz 条件下系统收敛的阶。进而，对 Markov 跳跃随机系统数值方法的研究越来越受到关注。Rathinasamy 和 Balachandran 在文献 [189] 中利用 M 矩阵理论给出了一个非线性 Markov 跳跃随机多时滞系统指数稳定性的充分条件，并证明了系统半隐式 Euler 方法的收敛性，通过不等式和数值分析的方法证明了线性 Markov 跳跃随机多时滞系统数值方法的 MS - 稳定性和 GMS - 稳定性。同时，在文献 [190] 中也给出了线性 Markov 跳跃随机积分系统的 Milstein 方法的收敛性和随机积分系统的数值方法的 MS - 稳定性和 GMS - 稳定性。文献 [191] 在局部 Lipschitaz 条件下研究了一类 Markov 跳跃随机系统的 Euler - Maruyama 方法的收敛性和均方稳定性。文献 [193] 在非 Lipschitz 条件和线性增长条件下研究了 Markov 跳跃随机系统的 Euler - Maruy-

中南财经政法大学"双一流"建设文库

ama 方法 L^1 收敛性和和 L^2 收敛性，推广了局部 Lipschitz 条件下系统数值方法的收敛性结论。文献 ［194］在局部 Lipschitz 条件和线性增长条件下研究了 Markov 跳跃随机时滞系统的 Euler – Maruyama 方法的均方收敛性，同时还讨论了系统 Euler – Maruyama 方法的依概率收敛性。文献 ［195］在局部 Lipschitz 条件和线性增长条件下研究了中立型 Markov 跳跃随机时滞系统的 Euler – Maruyama 方法的数值解的有界性及其数值方法的收敛性。文献 ［196］研究了一类 Markov 跳跃随机系统的 Taylor 方法的收敛性，推广了随机系统 Euler – Maruyama 方法收敛的结论。文献 ［197］在非线性增长条件下研究了 Markov 跳跃随机时滞系统的数值方法的收敛性问题。文献 ［198］构造了一类 Markov 跳跃随机系统的数值算法，研究了系统解的存在唯一性。文献 ［199］在线性增长条件下将文献 ［169］的结论推广到 Markov 跳跃随机系统，得到了 Markov 跳跃随机系统 Euler – Maruyama 方法的几乎处处指数稳定性和小阶矩指数稳定性。

本章将利用随机 θ – 方法研究随机神经网络的稳定性，给出随机神经网络随机 θ – 方法的一般均方稳定性和均方稳定性。

5.2　Markov 切换随机时滞神经网络稳定性

在本章，我们令 $(\Omega, F, \{F_t\}_{t \geq 0}, P)$ 是一个完备概率空间，且 $\{F_t\}_{t \geq 0}$ 满足通常的条件，即它包含所有的 p – null 集，并且是右连续的。让 $C([-\tau, 0]; R^n)$ 是从 $[-\tau, 0]$ 到 R^n 的连续函数 ξ 族，其范数 $\|\xi\| = \sup_{-\tau \leq t \leq 0} |\xi(t)|$，$|\cdot|$ 是 R^n 上的欧式范数。$C^b_{F_0}([-\tau, 0]; R^n)$ 表示所有有界的，F_0 – 可测的，$C([-\tau, 0]; R^n)$ – 值的随机变量族。进一步，如果 A 是一个向量或矩阵，那么 A^T 表示 A 的转置。E 表示关于 P 的数学期望，$\xi = \{\xi(t) = (\xi_1(t), \ldots, \xi_n(t))^T\} \in C^b_{F_0}([-\tau, 0]; R^n)$ 和 $x(t) = (x_1(t), \ldots, x_n(t))^T$。$B(t)$ 是定义在概率空间上的标准 Brown 运动。

令 $r(t), t \geq 0$ 是定义在概率空间上的有连续 Markov 链，并取值于有限状态空间 $S = \{1, 2, \ldots, N\}$，其生成子 $\Gamma = (\gamma_{ij})_{N \times N}$ 满足：

$$P\{r(t + \Delta) = j \mid r(t) = i\} = \begin{cases} \gamma_{ij}\Delta + o(\Delta), & i \neq j, \\ 1 + \gamma_{ii}\Delta + o(\Delta), & i = j, \end{cases}$$

其中 $\Delta > 0$。如果 $i \neq j, \gamma_{ij} \geq 0$ 是 i 到 j 的转移率，而 $\gamma_{ii} = -\sum_{j \neq i} \gamma_{ij}$。我们始终假设 Markov 链 $r(\cdot)$ 是与 Brown 运动 $B(t)$ 独立的。对 $r(t)$，我们需要下面的一个引理[126]。

引理 5.1：设 $\Delta > 0, r_m^\Delta = r(m\Delta)$，其中 $m \geq 0$。则 $\{r_m^\Delta, m = 0, 1, 2, \ldots\}$ 是一个离散的 Markov 链，其转移概率矩阵为：

$$P(\Delta) = (P_{ij}(\Delta))_{N \times N} = e^{\Delta \Gamma}。$$

本章考虑具有 Markov 切换的随机时滞神经网络：

$$\begin{cases} dx_k(t) = \left[-c_k(r(t))x_k(t) + \sum_{l=1}^{n} b_{kl}(r(t))f_l(x_l(t - \tau_l)) \right]dt + \\ \qquad \sigma_k(x_k(t), r(t))dB_k(t), \\ x_k(t) = \xi_k(t), \ -\tau_k \leq t \leq 0, \end{cases} \qquad (5-1)$$

其中 $k = 1, 2, \ldots, n, t \geq 0, r(t) = i \in S$。为了简单，令 $c_{ik} = c_k(r(t)), b_{ikl} = b_{kl}(r(t)), \sigma_{ik}(x_k(t)) = \sigma_k(x_k(t), r(t))$。$n \geq 1$ 是神经网络模型中神经元的数目，x_k 是在时间 t 时第 k 个神经元的状态变量。f_l 表示神经元的输出。c_{ik}, a_{ikl}, b_{ikl} 和 τ_l 是常数，其中 c_k 是一个正常数，τ_l 是时滞的和非负的常数，a_{ikl} 和 b_{ikl} 是在 t 和 $t - \tau_l$ 时的权重。

为了讨论系统（5-1）的稳定性，我们需要下面的假设。

（H1）$f_l(0) = \sigma_{ik}(0) = 0$。$f_l$ 和 σ_{ik} 满足全局 Lipschitz 条件，其 Lipschitz 常数分别是 $\beta_l > 0$ 和 $L_{ik} > 0$。

由文献 [31]，我们知道在假设（H1）下，神经网络（5-1）在 $t \geq 0$ 时存在一个全局解，记为 $x(t; \xi, i_0)$。或 $x(t)$。显然，神经网络（5-1）有一个平稳点 $x = 0$。

定义 5.1：对神经网络（5-1）和每一个 $\xi \in L_{F_0}^2([-\tau, 0]; R^n), i_0 \in S$，如果对所有的神经网络模型存在正常数 K 和 λ 使得：

$$E |x(t)|^2 \leq Ke^{-\lambda t}E |\xi|^2。$$

则神经网络（5-1）是均方指数稳定的。

根据文献 [239]，对神经网络（5-1）很容易得到下面的结论。

定理 5.1：如果神经网络（5-1）满足（H1）和（H2）对 $k = 1, 2, \ldots, n$，

$$-2c_{ik} + L_{ik}^2 + \sum_{l=1}^{n} |b_{ikl}| \beta_l + \sum_{l=1}^{n} |b_{ilk}| \beta_k + \sum_{j=1}^{N} |\gamma_{ij}| < 0$$

则神经网络（5-1）是均方指数稳定的。

5.3　随机 θ − 方法稳定性

在本章，我们将利用神经网络（5−1）数值方法再现神经网络（5−1）解析解的稳定性。根据文献 ［243］ 的数值方法，我们构造随机 θ − 方法，并应用于神经网络（5−1）得到下面的迭代格式：

$$y_{k,m+1} = y_{k,m} + \theta\big[- c_k(r_m^\Delta)y_{k,m+1} + \sum_{l=1}^{n} b_{kl}(r_m^X)f_l(y_{l,m-m_l+1})\big]\Delta + (1-\theta)$$

$$\big[- c_k(r_m^\Delta)y_{k,m} + \sum_{l=1}^{n} b_{kl}(r_m^\Delta)f_l(y_{l,m-m_l})\big]\Delta + \sigma_k(y_{k,m},r_m^X)\Delta B_{k,m} \qquad (5-2)$$

其中，$0 < \Delta < 1$ 是步长，且对正常数 $m_l, \tau_l = m_l\Delta。y_{k,m}$ 是 $x(t_m)$ 的逼近。当 $t_m \leqslant 0$ 时，我们有 $y_{k,m} = \xi(t_m)$。进一步，增量 $\Delta B_{k,m} := B(t_{m+1}) - B(t_m)$ 是独立于 $N(0,\Delta)$ − 分布的高斯随机变量。我们假设 $y_{k,m}$ 在 t_m 处是 F_{t_m} − 可测的。

注 5.1：由文献 ［243］，我们知道神经网络（5−1）的随机 θ − 方法是收敛于其解析解的。

为了分析数值方法的稳定性，我们首先定义神经网络数值方法的一般均方稳定性（GMS − 稳定性）和均方稳定性（MS − 稳定性）。

定义 5.2：假设（H1），（H2）和（H3）对 $i \in S, \sum_{l=1}^{n} |b_{ikl}|\beta_l \leqslant \sum_{l=1}^{n} |b_{ilk}|\beta_k$，成立，如果存在步长 $\Delta_0 > 0$ 使得由神经网络（5−1）的数值迭代生成的逼近 $\{y_{k,m}\}$ 满足对每一个步长 $\Delta \in (0,\Delta_0)$，$\Delta = \tau_l/m_l$，有：

$$\lim_{m\to\infty}E\,|y_{k,m}|^2 = 0, k = 1,2,\dots,n$$

那么我们称此数值方法是均方稳定的（MS − 稳定）。

定义 5.3：假设（H1），（H2）和（H3）成立，如果由神经网络（5−1）的数值迭代生成的逼近 $\{y_{k,m}\}$ 满足对每一个 $\Delta, \Delta = \tau_l/m_l$，有：

$$\lim_{m\to\infty}E\,|y_{k,m}|^2 = 0, k = 1,2,\dots,n$$

那么称此数值方法是一般均方稳定的（GMS − 稳定），记：

$$\lambda_i := c_{ik} - \sum_{l=1}^{n} |b_{ikl}|\beta_l \qquad (5-3)$$

$$\mu_i := c_{ik} + \sum_{l=1}^{n} |b_{ikl}|\beta_l \qquad (5-4)$$

$$\kappa := \max_{1 \leqslant k \leqslant n} \left\{ \max_{i \in S} \frac{\mu_i^2 - 2\lambda_i + L_{ik}^2}{2c_{ik}\mu_i} \right\} \tag{5-5}$$

定理 5.2： 假设对任意 $i \in S$，（H1），（H2）和（H3）成立。那么：

（Ⅰ）如果 $\kappa < 0$，则当 $\theta \in [0,1]$ 时，神经网络（5-1）的随机 θ - 方法是 GMS - 稳定的。

（Ⅱ）如果 $\kappa \geqslant 0$，则当 $\theta \in (\kappa,1]$ 时，神经网络（5-1）的随机 θ - 方法 GMS - 稳定的。

（Ⅲ）如果 $\kappa \geqslant 0$，则当 $\theta \in [0,\kappa]$ 时，对 $\Delta_0 = \min\{\Delta',\Delta''\}$，其中：

$$\Delta' = \max\{\Delta_1,\Delta_2\}, \Delta'' = \max\left\{\min_{i \in S} \frac{1}{c_{ik}},\Delta_2\right\}$$

$$\Delta_1 = \min\left\{\min_{i \in S} \frac{1}{c_{ik}}, \min_{i \in S}\left\{\frac{2\lambda_i - L_{ik}^2}{\lambda_i^2}\right\}\right\}$$

和

$$\Delta_2 = \min\left\{\frac{2\lambda_i - L_{ik}^2}{\mu_i^2}\right\}$$

神经网络（5-1）的随机 θ - 方法是 MS - 稳定的。

证明 由（5-2），我们有：

$$(1 + \theta c_k(r_m^\Delta)\Delta)y_{k,m+1} = [1 - (1-\theta)c_k(r_m^\Delta)\Delta]y_{k,m} + \sigma_k(y_{k,m},r_m^\Delta)\Delta B_{k,m} +$$
$$\theta \sum_{l=1}^{n} b_{kl}(r_m^\Delta)f_l(y_{l,m-m_l+1})\Delta + (1-\theta) \sum_{l=1}^{n} b_{kl}(r_m^\Delta)f_l(y_{l,m-m_l})\Delta \tag{5-6}$$

根据引理 5.1，在计算 $y_{k,m+1}$ 前，已经计算出 r_m^Δ，所以 r_m^Δ 是已知的。由于对任意的，由（5-6），我们得到：

$$(1 + \theta c_{ik}\Delta)y_{k,m+1} = [1 - (1-\theta)c_{ik}\Delta]y_{k,m} + \sigma_{ik}(y_{k,m})\Delta B_{k,m} + \theta \sum_{l=1}^{n} b_{ikl}f_l(y_{l,m-m_l+1})\Delta +$$
$$(1-\theta) \sum_{l=1}^{n} b_{ikl}f_l(y_{l,m-m_l})\Delta$$

平方上面的等式就可以得到：

$$(1 + \theta c_{ik}\Delta)^2 y_{k,m+1}^2 = [(1 - (1-\theta)c_{ik}\Delta)y_{k,m}]^2 + (\sigma_{ik}(y_{k,m})\Delta B_{k,m})^2 +$$
$$(\theta \sum_{l=1}^{n} b_{ikl}f_l(y_{l,m-m_l+1})\Delta)^2 + [(1-\theta) \sum_{l=1}^{n} b_{ikl}f_l(y_{l,m-m_l})\Delta]^2 + 2\theta(1-\theta)\Delta^2 \sum_{l=1}^{n} b_{ikl}f_l(y_{l,m-m_l+1})$$
$$\sum_{l=1}^{n} b_{ikl}f_l(y_{l,m-m_l}) + 2(1-\theta)\Delta[1 - (1-\theta)c_{ik}\Delta]y_{k,m} \sum_{l=1}^{n} b_{ikl}f_l(y_{l,m-m_l}) + 2(1-$$
$$\theta)\Delta\sigma_{ik}(y_{k,m})\Delta B_{k,m} \sum_{l=1}^{n} b_{ikl}f_l(y_{l,m-m_l}) + 2\theta\Delta[1 - (1-\theta)c_{ik}\Delta]y_{k,m} \sum_{l=1}^{n} b_{ikl}f_l(y_{l,m-m_l+1}) +$$

$$2\theta\Delta\sigma_{ik}(y_{k,m})\Delta B_{k,m}\sum_{l=1}^{n}b_{ikl}f_l(y_{l,m-m_l+1})$$

注意到 $2abxy \le |ab|(x^2 + y^2), a,b \in R$，则：

$$(1 + \theta c_{ik}\Delta)^2 y_{k,m+1}^2 \le [(1 - (1 - \theta)c_{ik}\Delta)]^2 y_{k,m}^2 + \sigma_{ik}^2(y_{k,m})(\Delta B_{k,m})^2 + 2[(1 - (1 - \theta)c_{ik}\Delta)]y_{k,m}\sigma_{ik}(y_{k,m})\Delta B_{k,m} + \theta^2\Delta^2\sum_{l=1}^{n}|b_{ikl}|\beta_l(\sum_{p=1}^{n}|b_{ikp}|\beta_p)y_{l,m-m_l+1}^2 + (1 - \theta)^2\Delta^2\sum_{l=1}^{n}|b_{ikl}|\beta_l(\sum_{p=1}^{n}|b_{ikp}|\beta_p)y_{l,m-m_l}^2 + \theta(1 - \theta)\Delta^2\sum_{l=1}^{n}|b_{ikl}|\beta_l(\sum_{p=1}^{n}|b_{ikp}|\beta_p)(y_{l,m-m_l+1}^2 + y_{l,m-m_l}^2) + (1 - \theta)\Delta|1 - (1 - \theta)c_{ik}\Delta|\sum_{l=1}^{n}|b_{ikl}|\beta_l(y_{l,m-m_l}^2 + y_{k,m}^2) + 2(1 - \theta)\Delta\sigma_{ik}(y_{k,m})\Delta B_{k,m}\sum_{l=1}^{n}b_{ikl}f_l(y_{l,m-m_l}) + \theta\Delta|1 - (1 - \theta)c_{ik}\Delta|\sum_{l=1}^{n}|b_{ikl}|\beta_l(y_{l,m-m_l+1}^2 + y_{k,m}^2) + 2\theta\Delta\sigma_{ik}(y_{k,m})\Delta B_{k,m}\sum_{l=1}^{n}b_{ikl}f_l(y_{l,m-m_l+1}) \tag{5-7}$$

由于：

$$E(\Delta B_{k,m}) = 0, E(\Delta B_{k,m})^2 = \Delta$$

和

$$\sigma_{ik}(y_{k,m}), f_l(y_{l,m-m_l}), f_l(y_{l,m-m_l+1})$$

是 F_{t_m} － 可测的。从而：

$$E[\Delta B_{k,m}f_l(y_{k,m-m_l+1})\sigma_{ik}(y_{k,m})] = E[\Delta B_{k,m}f_l(y_{k,m-m_l})\sigma_{ik}(y_{k,m})] = 0$$

和

$$E[(\Delta B_{k,m})^2\sigma_{ik}^2(y_{k,m})] = \Delta E\sigma_{ik}^2(y_{k,m})$$

从而：

$$E[(1 + \theta c_{ik}\Delta)^2 y_{k,m+1}^2] \le E([(1 - (1 - \theta)c_{ik}\Delta)]^2 y_{k,m}^2) + E(\sigma_{ik}^2(y_{k,m})(\Delta B_{k,m})^2) + E(2[(1 - (1 - \theta)c_{ik}\Delta)]y_{k,m}\sigma_{ik}(y_{k,m})\Delta B_{k,m}) + E(\theta^2\Delta^2\sum_{l=1}^{n}|b_{ikl}|\beta_l(\sum_{p=1}^{n}|b_{ikp}|\beta_p)y_{l,m-m_l+1}^2) + E[(1 - \theta)^2\Delta^2\sum_{l=1}^{n}|b_{ikl}|\beta_l(\sum_{p=1}^{n}|b_{ikp}|\beta_p)y_{l,m-m_l}^2] + E(\theta(1 - \theta)\Delta^2\sum_{l=1}^{n}|b_{ikl}|\beta_l(\sum_{p=1}^{n}|b_{ikp}|\beta_p)(y_{l,m-m_l+1}^2 + y_{l,m-m_l}^2)) + E((1 - \theta)\Delta|1 - (1-\theta)c_{ik}\Delta|\sum_{l=1}^{n}|b_{ikl}|\beta_l(y_{l,m-m_l}^2 + y_{k,m}^2)) + E(2(1-\theta)\Delta\sigma_{ik}(y_{k,m})\Delta B_{k,m}\sum_{l=1}^{n}b_{ikl}f_l(y_{l,m-m_l})) + E(\theta\Delta|1 - (1 - \theta)c_{ik}\Delta|\sum_{l=1}^{n}|b_{ikl}|\beta_l(y_{l,m-m_l+1}^2 + y_{k,m}^2)) + E(2\theta\Delta\sigma_{ik}(y_{k,m})\Delta B_{k,m}\sum_{l=1}^{n}b_{ikl}f_l(y_{l,m-m_l+1})) \le E([(1 - (1 - \theta)c_{ik}\Delta)]2y_{k,m}^2) + E(\sigma_{ik}^2(y_{k,m}))\Delta +$$

$$E(\theta^2 \Delta^2 \sum_{l=1}^{n} |b_{ikl}| \beta_l (\sum_{p=1}^{n} |b_{ikp}| \beta_p) y_{l,m-m_l+1}^2) + E((1-\theta)^2 \Delta^2 \sum_{l=1}^{n} |b_{ikl}| \beta_l (\sum_{p=1}^{n} |b_{ikp}|$$

$$\beta_p) y_{l,m-m_l}^2) + E(\theta(1-\theta) \Delta^2 \sum_{l=1}^{n} |b_{ikl}| \beta_l (\sum_{p=1}^{n} |b_{ikp}| \beta_p)(y_{l,m-m_l+1}^2 + y_{l,m-m_l}^2)) + E((1-$$

$$\theta) \Delta |1-(1-\theta) c_{ik} \Delta| \sum_{l=1}^{n} |b_{ikl}| \beta_l (y_{l,m-m_l}^2 + y_{k,m}^2)) + E(\theta \Delta |1-(1-\theta) c_{ik} \Delta| \sum_{l=1}^{n} |$$

$$b_{ikl}| \beta_l (y_{l,m-m_l+1}^2 + y_{k,m}^2))$$

令 $Y_{k,m} = E y_{k,m}^2$，由（5-7）和（H1），我们有：

$$Y_{k,m+1} \leqslant \frac{1}{(1+\theta c_{ik} \Delta)^2} [PY_{k,m} + \sum_{l=1}^{n} Q_l Y_{l,m-m_l+1} + \sum_{l=1}^{n} R_l Y_{l,m-m_l}] \qquad (5-8)$$

其中：

$$P = (1-(1-\theta) c_{ik} \Delta)^2 + (L_{ik})^2 \Delta + \Delta |1-(1-\theta) c_{ik} \Delta| \sum_{l=1}^{n} |b_{ikl}| \beta_l$$

$$Q_l = \theta \Delta^2 |b_{ikl}| \beta_l \sum_{p=1}^{n} |b_{ikp}| \beta_p + \theta \Delta |(1-(1-\theta) c_{ik} \Delta) b_{ikl}| \beta_l$$

$$R_l = (1-\theta) \Delta^2 |b_{ikl}| \beta_l \sum_{p=1}^{n} |b_{ikp}| \beta_p + (1-\theta) \Delta |(1-(1-\theta) c_{ik} \Delta) b_{ikl}| \beta_l$$

则：

$$Y_{k,m+1} \leqslant \frac{1}{(1+\theta c_{ik} \Delta)^2} (P + \sum_{l=1}^{n} Q_l + \sum_{l=1}^{n} R_l) \max_{1 \leqslant l \leqslant n} \{Y_{k,m}, Y_{l,m-m_l+1}, Y_{l,m-m_l}\}$$

从而计算得到当 $m \to \infty$ 时，如果 $P + \sum_{l=1}^{n} Q_l + \sum_{l=1}^{n} R_l < (1+\theta c_{ik} \Delta)^2$，我们有

$Y_{k,m} \to 0$

这等价于：

$$-2 c_{ik} \Delta + (L_{ik})^2 \Delta + (1-2\theta) c_{ik}^2 \Delta^2 + 2 |1-(1-\theta) c_{ik} \Delta| \sum_{l=1}^{n} |b_{ikl}| \beta_l \Delta +$$

$$(\sum_{l=1}^{n} |b_{ikl}| \beta_l)^2 \Delta^2 < 0 \qquad (5-9)$$

如果 $h < 1/c_{ik}$，则 $1-(1-\theta) c_{ik} \Delta > 0$. 从而（5-7）能表示为：

$$(-c_{ik} + \sum_{l=1}^{n} |b_{ikl}| \beta_l)(-(1-2\theta) c_{ik} + \sum_{l=1}^{n} |b_{ikl}| \beta_l) - 2 c_{ik} + (L_{ik})^2 +$$

$$2 \sum_{l=1}^{n} |b_{ikl}| \beta_l < 0_{\circ} \qquad (5-10)$$

注意到 $|1-(1-\theta) c_{ik} \Delta| \leqslant 1+(1-\theta) c_{ik} \Delta_{\circ}$ 则（5-7）成立，并且如果：

$$(c_{ik} + \sum_{l=1}^{n} |b_{ikl}| \beta_l)((1-2\theta) c_{ik} + \sum_{l=1}^{n} |b_{ikl}| \beta_l) - 2 c_{ik} + (L_{ik})^2 + 2 \sum_{l=1}^{n} |b_{ikl}| \beta_l < 0,$$

$$(5-11)$$

当 $m \to \infty$ 时 $Y_{k,m} \to 0$。$Y_{k,m} \to 0$。也就是说:

$$\mu_i(\mu_i - 2\theta c_{ik}) - 2\lambda_i + L_{ik}^2 < 0 \qquad (5-12)$$

根据（H2）和（H3），我们有 $-2\lambda_i + (L_{ik})^2 < 0$ 和 $\lambda_i > 0$。从而，对 $i \in S$:

(i) 如果 $\mu_i/(2c_{ik}) \leqslant \theta \leqslant 1$，则对步长 Δ，$\mu_i(\mu_i - 2\theta c_{ik}) \leqslant 0$。所以（5-10）成立。

(ii) 如果 $\kappa < \theta < \mu_i/(2c_{ik})$，则对步长 Δ，

$$\mu_i(\mu_i - 2\theta c_{ik}) > 0$$

和

$$\mu_i(\mu_i - 2\theta c_{ik})\Delta - 2\lambda_i + L_{ik}^2 \leqslant \mu_i(\mu_i - 2\theta c_{ik}) - 2\lambda_i + L_{ik}^2 \leqslant 0$$

(iii) 如果 $0 \leqslant \theta \leqslant \kappa < \lambda_i/(2c_{ik})$，则当 $\Delta < \Delta_1$ 时，（5-8）成立;当 $\Delta < \Delta_2$ 时，（5-10）成立。所以当 $\Delta < \Delta'$，（5-8）和（5-10）中有一个成立。

(iv) 如果 $0 \leqslant \theta \leqslant \kappa$ 和 $\kappa \geqslant \lambda_i/(2c_{ik})$，则当 $\Delta < 1/c_{ik}$ 时（5-8）成立;当 $\Delta < \Delta_2$ 时（5-10）成立。所以当 $\Delta < \Delta''$ 时（5-8）和（5-10）中有一个成立。

因此，根据（i）和（ii），如果 $\kappa < \theta \leqslant 1$，则数值方法是 GMS – 稳定的。特别地，当 $\kappa < 0$ 和 $0 \leqslant \theta \leqslant 1$，则数值方法是 GMS – 稳定的. 根据（iii）和（iv），如果 $0 \leqslant \theta \leqslant \kappa, \Delta \in (0,\Delta_0)$，则数值方法是 MS – 稳定的，证毕。

注 5.2：对无 Markov 切换的随机神经网络，本结论也是成立的 [223, 240]。本结论一般化了文献 [223, 240] 中的结论。

5.4　数值仿真

在本节，我们通过实例来显示我们的理论的有效性。

例 5.1：令 B(t) 是一个比例 Brown 运动，r(t) 是取值于 S = {1, 2} 的右连续的 Markov 链，其生成子为:

$$\Gamma = \begin{pmatrix} -1 & 1 \\ 1 & -1 \end{pmatrix}$$

假设 B(t) 和 r(t) 是相互独立的。

考虑下面的一个二维随机时滞神经网络:

$$d\begin{pmatrix} x_1(t) \\ x_2(t) \end{pmatrix} = - C_i \begin{pmatrix} x_1(t) \\ x_2(t) \end{pmatrix} dt + B_i \begin{pmatrix} f(x_1(t-1)) \\ f(x_2(t-2)) \end{pmatrix} dt + A_i \begin{pmatrix} x_1(t) \\ x_2(t) \end{pmatrix} dB(t) \quad (5-13)$$

其中 $t \geq 0$，初始值为 $x_1(t) = t + 1, t \in [-1,0]$ 和 $x_2(t) = t + 1, t \in [-2,0]$

令 $f(x) = \arctan x$

$$C_1 = \begin{pmatrix} 6 & 0 \\ 0 & 6 \end{pmatrix}, \quad C_2 = \begin{pmatrix} 5 & 0 \\ 0 & 5 \end{pmatrix},$$

$$B_1 = \begin{pmatrix} -0.1 & 0.2 \\ 0.2 & 0.3 \end{pmatrix}, \quad B_2 = \begin{pmatrix} 0.3 & -0.2 \\ 0.2 & -0.2 \end{pmatrix},$$

$$A_1 = \begin{pmatrix} 0.6 & 0.1 \\ 0.1 & 0.2 \end{pmatrix}, \quad A_2 = \begin{pmatrix} 0.8 & 0.2 \\ 0.2 & 0.3 \end{pmatrix}$$

由定理 5.1 我们知道神经网络时均方指数稳定的。在这个例子中我们将显示步长对随机 θ - 方法稳定性的影响。本节仿真图是根据 100 条轨迹的均方绘制，即，$\omega_i : 1 \leq i \leq 100, Y_n = \dfrac{1}{100} \sum\limits_{i=1}^{100} (\,|\,Y_{1,n}(\omega_i)\,|^2 + |\,Y_{2,n}(\omega_i)\,|^2\,)$。

令 $\alpha_l = \beta_l = L_{i1} = L_{i2} = 1(i = 1,2)$。那么通过计算我们很容易验证（H1），（H2）和（H3）成立。进一步地，得到 $\Delta_1 = 0.1667, \Delta_2 = 0.2367, \Delta_0 = 0.1667$，$\kappa = 0.4135$。因而由定理 5 - 2 我们得到（5 - 13）的随机 θ - 方法（$\theta \in (0.4135,1]$）是 GMS - 稳定的。图 5 - 1 和图 5 - 2 显示了随机 θ - 方法（$\theta = 0.8$）的 GMS - 稳定性；当 $\theta \in [0, 0.4135]$ 是数值方法的 MS - 稳定性，其中步长 $\Delta \in (0,0.1667)$。图 5 - 3 显示了当 $\Delta = 0.1$ 时随机 θ - 方法（$\theta = 0$）是 MS -

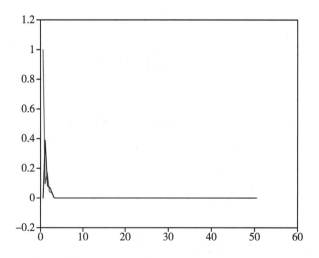

图 5 - 1　当 $\theta = 0.8$, $h = 0.5$ 时随机 θ - 方法的稳定性

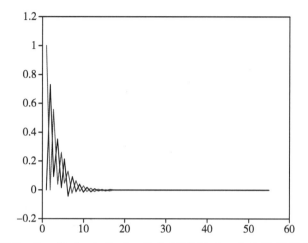

图 5 - 2　当 $\theta = 0.8$, $h = 0.9$ 时随机 θ - 方法的稳定性

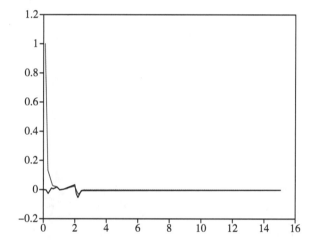

图 5 - 3　当 $\theta = 0$, $h = 0.1$ 时随机 θ - 方法的稳定性

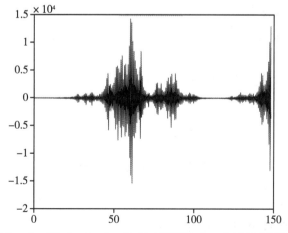

图 5 - 4　当 $\theta = 0$, $h = 0.38$ 时随机 θ - 方法的稳定性

稳定的，此时也称为 Euler 方法。这些表明随机 θ - 方法能较好地复制解析解的稳定性质。图 5 - 4、图 5 - 5 和图 5 - 6 对 $\theta = 0, \Delta = 0.38, \theta = 0.1, \Delta = 0.48,$ $\theta = 0.2, h = 0.5$ 分别显示了数值方法的不稳定性。

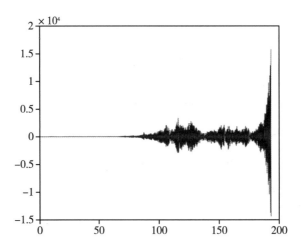

图 5 - 5 当 $\theta = 0.1$, $h = 0.48$ 时随机 θ - 方法的稳定性

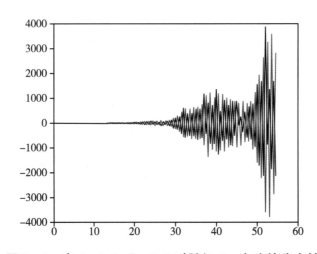

图 5 - 6 当 $\theta = 0.2$, $h = 0.5$ 时随机 θ - 方法的稳定性

5.5 本章小结

本章讨论了具有 Markov 切换的随机时滞神经网络随机 θ - 方法。首先给出

了一类具有 Markov 切换的随机时滞神经网络解析解的指数稳定性结论，然后对具有 Markov 切换的随机时滞神经网络构造了随机 θ - 方法迭代格式，给出了具有 Markov 切换的随机时滞神经网络的 MS - 稳定和 GMS - 稳定的一个充分条件。最后通过数值实例说明了本章中的数值方法的有效性和结论的正确性。

第6章 Markov 切换随机时滞神经网络的 SS−θ−方法的稳定性

6.1 引　　言

众所周知，神经网络的稳定性是一些神经网络应用领域的必要条件。随机建模在工业和科学的多个分支起着重要作用，其中随机系统控制和滤波器设计已成为众多学者特别感兴趣的领域，并且已有许多相关结果发表于各类期刊。众所周知，时滞和系统的不确定性在许多动态系统中不可避免，但是它又是破坏系统稳定性和相应性能指标的根源。因此，在最近的 20 年里，大量关于时滞系统的相关结论被发表。

自 1892 年 Lyapunov 奠定稳定性理论基础以来，应用 Lyapunov 直接法[1,2]研究确定性系统与随机系统的动力学行为，国内外已有系列结果，在神经网络[4,6,8,11,13]和控制工程[14−20]等方面都有广泛的应用，并且人们也一直致力于推广 Lyapunov 稳定性定理。研究神经网络主要是应用线性矩阵不等式，但是无论是利用 Lyapunov 直接法，还是线性矩阵不等式来研究神经网络的稳定性，都需要构造 Lyapunov 函数或 Lyapunov 泛函来建立系统的稳定性，一般 Lyapunov 函数或 Lyapunov 泛函并不容易构造。同时，由于随机系统的复杂性，一般此类神经网络都无法得到解析解。在缺乏合适的 Lyapunov 函数或 Lyapunov 泛函的情况下，我们可以通过选择数值方法和步长来比较准确地复制真实解的稳定性，因此数值方法就成为一个非常重要的研究神经网络稳定性的工具。

Higham 在文献 [166，167] 中详细地讨论了线性随机系统的数值方法的均方稳定性和渐进稳定性，并对随机系统给出了数值模拟。而后，他和 Mao 在文献 [168] 中对一类具有均值回归过程的随机系统建立了其数值方法的收敛性，并且给出了系统和其数值方法的回归特性。文献［169］针对随机系统数值方法，首先研究了线性随机系统 Euler - Maruyama 方法的几乎处处指数稳定性和 p 阶（$0 < p \leqslant 2$）矩指数稳定性，显示了线性随机系统数值解分享了其真实解的几乎处处指数稳定性和小阶矩指数稳定性；然后在线性增长条件下将其结论推广到了非线性随机系统；最后通过例子显示了在非线性增长条件下非线性随机系统的 Euler - Maruyama 方法不再分享真实解的稳定性，但是在单边 Lipschitz 条件下建立了随机系统 Backward Euler 方法的几乎处处指数稳定性和小阶矩指数稳定性，并推广到高维随机系统。文献［266］研究了一类超线性随机系统的 backward Euler - Maruyama 方法的收敛性问题。文献［243］研究了随机时滞积分方程的随机 θ - 方法稳定性。Zhang 等[142]讨论了线性随机时滞系统的 split - step backward Euler 方法。Jiang 等[265]研究了随机时滞积分方程的 split - step backward Euler 方法的稳定性。Rathinasamy 和 Balachandran[244]研究了随机时滞积分方法的 split - step θ - 方法 T - 稳定性。Ding 和 Ma[245]然就了随机系统的 split - step θ - 方法收敛性和稳定性。

在本章，我们将讨论具有 Markov 切换随机时滞神经网络的 SS - θ - 方法的稳定性，刻画 θ 或步长的取值对数值方法稳定性的影响。

6.2　Markov 切换随机时滞神经网络的稳定性

在本章，我们令 $(\Omega, F, \{F_t\}_{t \geqslant 0}, P)$ 是一个完备概率空间，且 $\{F_t\}_{t \geqslant 0}$ 满足通常的条件，即它包含所有的 p - null 集，并且是右连续的。让 $C([-\tau, 0]; R^n)$ 是从 $[-\tau, 0]$ 到 R^n 的连续函数 ξ 族，其范数 $\|\xi\| = \sup_{-\tau \leqslant t \leqslant 0} |\xi(t)|$，$|\cdot|$ 是 R^n 上的欧式范数。$C_{F_0}^b([-\tau, 0]; R^n)$ 表示所有有界的，F_0 - 可测的，$C([-\tau, 0]; R^n)$ - 值的随机变量族。进一步，如果 A 是一个向量或矩阵，那么 A^T 表示 A 的转置。E 表示关于 P 的数学期望，$\xi = \{\xi(t) = (\xi_1(t), \ldots, \xi_n(t))^T\} \in C_{F_0}^b([-\tau, 0]; R^n)$ 和 $x(t) = (x_1(t), \ldots, x_n(t))^T$。$B(t)$ 是定义在概率空间上的标准 Brown 运动。

令 $r(t), t \geqslant 0$ 是定义在概率空间上的有连续 Markov 链，并取值于有限状态空间 $S = \{1, 2, \ldots, N\}$，其生成子 $\Gamma = (\gamma_{ij})_{N \times N}$ 满足：

$$P\{r(t+\Delta)=j\,|\,r(t)=i\}=\begin{cases}\gamma_{ij}\Delta+o(\Delta), & i\neq j\\ 1+\gamma_{ii}\Delta+o(\Delta), & i=j\end{cases}$$

其中 $\Delta>0$。如果 $i\neq j$，$\gamma_{ij}\geq 0$ 是 i 到 j 的转移率，而 $\gamma_{ii}=-\sum_{j\neq i}\gamma_{ij}$。我们始终假设 Markov 链 $r(\cdot)$ 是与 Brown 运动 $B(t)$ 独立的。对 $r(t)$，我们需要下面的一个引理[126]。

引理 6.1：设 $\Delta>0$，$r_m^{\Delta}=r(m\Delta)$，其中 $m\geq 0$。则 $\{r_m^{\Delta},m=0,1,2,\dots\}$ 是一个离散的 Markov 链，其转移概率矩阵为：

$$P(\Delta)=(P_{ij}(\Delta))_{N\times N}=e^{\Delta\Gamma}$$

考虑下面的 Markov 切换随机时滞神经网络模型：

$$\begin{cases}dx_k(t)=\Big[-c_k(r(t))x_k(t)+\sum_{l=1}^{n}a_{kl}(r(t))f_l(x_l(t))\\ \qquad\qquad+\sum_{l=1}^{n}b_{kl}(r(t))g_l(x_l(t-\tau_l))\Big]dt+\sigma_k(x_k(t),r(t))dB_k(t)\\ x_k(t)=\xi_k(t),\ -\tau_k\leq t\leq 0\end{cases} \tag{6-1}$$

其中 $k=1,2,\dots,n,t\geq 0$。

为了方便，记对 $r(t)=i\in S$，$c_{ik}=c_k[r(t)]$，$a_{ikl}=a_{kl}[r(t)]$，$b_{ikl}=b_{kl}[r(t)]$，$\sigma_{ik}[x_k(t)]=\sigma_k[x_k(t),r(t)]$。在模型（6-1）中 $n\geq 1$ 为神经元个数，x_k 是状态变量。f_l 和 g_l 分别为时间 t 和 $t-\tau_l$ 处的输出。c_{ik}，a_{ikl}，b_{ikl} 和 τ_l 为常数，其中 c_k 是正常数；τ_l 是时滞，为非负数；a_{ikl} 和 b_{ikl} 为时间 t 和 $t-\tau_l$ 处的连接权矩阵元素。

为了讨论系统的数值方法的稳定性，我们对系统（6-1）给出下面的假设：（H1）$f_l(0)=g_l(0)=\sigma_{ik}(0)=0$。$f_l$；$g_l$ 和 σ_{ik} 满足全局 Lipschitz 条件，其 Lipschitz 常数分别是 $\alpha_l>0$，$\beta_l>0$ 和 $L_{ik}>0$。

由文献［126］，我们知道在假设（H1）下，神经网络（6-1）在 $t\geq 0$ 时存在一个全局解，记为 $x(t;\xi,i_0)$，或 $x(t)$。显然，神经网络（6-1）有一个平稳点 x $=0$。

下面的定理给出了系统（6-1）的稳定性结论[239]。

定理 6.1：如果系统（6-1）满足（H1）和（H2）对 $k=1,2,\dots,n$，

$$-2c_{ik}+L_{ik}^2+\sum_{l=1}^{n}|a_{ikl}|\alpha_l+\sum_{l=1}^{n}|b_{ikl}|\beta_l+\sum_{l=1}^{n}|a_{ilk}|\alpha_k+\sum_{l=1}^{n}|b_{ilk}|\beta_k+\sum_{j=1}^{N}|\gamma_{ij}|<0$$

则系统（6-1）是均方指数稳定的。

6.3　SS－θ－方法稳定性

在本节，我们将显示系统（6－1）的数值方法将复制系统解析解的稳定性。根据文献［245］我们对系统（6－1）构造 Split－step θ－方法（SS－θ－方法）：

$$\begin{cases} y_{k,m}^* = y_{k,m} + \big[-\theta c_k(r_m^\Delta) y_{k,m}^* - (1-\theta) c_k(r_m^\Delta) y_{k,m} \\ \qquad\quad + \sum_{l=1}^n a_{kl}(r_m^\Delta) f_l(y_{l,m}) + \sum_{l=1}^n b_{kl}(r_m^\Delta) g_l(y_{l,m-m_l+1}) \big] \Delta \\ y_{k,m+1} = y_{k,m}^* + \sigma_k(y_{k,m}^*, r_m^\Delta) \Delta B_{k,m} \end{cases} \qquad (6-2)$$

其中 $0 < \Delta < 1$ 是步长，且对正整数 $m_l, \tau_l = m_l\Delta$ 和 $t_m = m\Delta$。$y_{k,m}$ 是 $x(tm)$ 的逼近。当 $t_m \leq 0$ 时我们有 $y_{k,m} = \xi(t_m)$。$\Delta B_{k,m} := B(t_{m+1}) - B(t_m)$ 是 Brown 运动的增量。假设 $y_{k,m}$ 在 t_m 是 F_{t_m}－可测的。

注 6.1：由文献［245］知道系统系统（6－1）的 SS－θ－方法是收敛于系统的真实值的。

下面我们将利用 SS－θ－方法来讨论系统的均方稳定性。

定义 6.1：假设（H1），（H2）和（H3）：对任意 $i \in S$,

$$\sum_{l=1}^n |a_{ikl}| \alpha_l + \sum_{l=1}^n |b_{ikl}| \beta_l \leq \sum_{l=1}^n |a_{ilk}| \alpha_k + \sum_{l=1}^n |b_{ilk}| \beta_k$$

成立。如果存在步长 $\Delta_0 > 0$ 使得对每一个步长 $\Delta \in (0, \Delta_0)$, $\Delta = \tau_l/m_l$, 由系统（6－1）生成的数值逼近 $\{y_{k,m}\}$ 满足：

$$\lim_{m\to\infty} E |y_{k,m}|^2 = 0, k = 1, 2, \ldots, n$$

则称此数值方法是均方稳定的（MS－稳定）。

为了简单，我们简记：

$$\mu := -(1-\theta) c_{ik} + \sum_{l=1}^n |a_{ikl}| \alpha_l + \sum_{l=1}^n |b_{ikl}| \beta_l \qquad (6-3)$$

$$\nu := \mu^2 + 2L_{ik}^2 \mu - \theta^2 c_{ik}^2 \qquad (6-4)$$

和

$$\lambda := -2c_{ik} + L_{ik}^2 + 2\sum_{l=1}^n (|a_{ikl}| \alpha_l + |b_{ikl}| \beta_l) \qquad (6-5)$$

定理 6.2：假设（H1）、（H2）和（H3）成立。如果 $\Delta \in (0, \Delta_0)$ and $\Delta_0 =$

$\min_{1 \leqslant k \leqslant n} \{1, \Delta_k\}$，其中：

$$\Delta_k = \min\left\{\min_{i \in S} \frac{1}{(1-\theta)c_{ik}}, \min_{i \in S} \frac{-\nu + \sqrt{\nu^2 - 4L_{ik}^2\mu^2\lambda}}{2L_{ik}^2\mu^2}\right\} > 0 \qquad (6-6)$$

则系统（6-1）的 SS-θ-方法是 MS-稳定的。

证明 由（6-2）有：

$$(1 + \theta c_k(r_m^\Delta)\Delta y_{k,m}^* = y_{k,m} + \Big[-(1-\theta)c_k(r_m^\Delta)y_{k,m} + \sum_{l=1}^n a_{kl}(r_m^\Delta)f_l(y_{l,m}) +$$

$$\sum_{l=1}^n b_{kl}(r_m^\Delta)g_l(y_{l,m-m_l+1})\Big]\Delta, \qquad (6-7)$$

由引理，在计算 $y_{k,m+1}$ 时 r_m^Δ 是已知的。由于 $r_m^\Delta \in S$，则对任意的 $i \in S$；我们有：

$$(1 + \theta c_{ik}\Delta)^2(y_{k,m}^*)^2 = \left((1-(1-\theta)c_{ik}\Delta)y_{k,m}\right)^2 + \left(\Delta\sum_{l=1}^n a_{ikl}f_l(y_{l,m})\right)^2 +$$

$$\left(\Delta\sum_{l=1}^n b_{ikl}g_l(y_{l,m-m_l+1})\right)^2 + 2(1-(1-\theta)c_{ik}\Delta)y_{k,m}\Delta\sum_{l=1}^n a_{ikl}f_l(y_{l,m}) + 2(1-(1-$$

$$\theta)c_{ik}\Delta)y_{k,m}\Delta\sum_{l=1}^n b_{ikl}g_l(y_{l,m-m_i+1}) + 2\Delta^2\sum_{l=1}^n a_{ikl}f_l(y_{l,m})\sum_{l=1}^n b_{ikl}g_l(y_{l,m-m_i+1}) \qquad (6-8)$$

注意到不等式 $2abxy \leqslant |ab|(x^2 + y^2), a, b \in R$，从而对 $1 - (1-\theta)c_{ik}\Delta > 0$ 我们有：

$$(1 + \theta c_{ik}\Delta)^2(y_{k,m}^*)^2 \leqslant \left((1-(1-\theta)c_{ik}\Delta)y_{k,m}\right)^2 + \Delta^2\sum_{l=1}^n|a_{ikl}|\alpha_l\sum_{p=1}^n|a_{ikp}|\alpha_p y_{l,m}^2 +$$

$$\Delta^2\sum_{l=1}^n|b_{ikl}|\beta_l\sum_{p=1}^n|b_{ikp}|\beta_p y_{l,m-m_i+1}^2 + \Delta(1-(1-\theta)c_{ik}\Delta)\sum_{l=1}^n|a_{ikl}|\alpha_l(y_{k,m}^2 + y_{l,m}^2) +$$

$$\Delta(1-(1-\theta)c_{ik}\Delta)\sum_{l=1}^n|b_{ikl}|\beta_l(y_{l,m-m_i+1}^2 + y_{k,m}^2) + \Delta^2\sum_{l=1}^n|a_{ikl}|\alpha_l\sum_{l=1}^n|b_{ikl}|\beta_l(y_{l,m-m_i+1}^2 +$$

$$y_{l,m}^2) \qquad (6-9)$$

令 $Y_{k,m} = Ey_{k,m}^2$，根据（6-9）和（H1），我们有：

$$(1 + \theta c_{ik}\Delta)^2 Y_{k,m}^* \leqslant (1-(1-\theta)c_{ik}\Delta)^2 Y_{k,m} + \Delta^2\sum_{l=1}^n|a_{ikl}|\alpha_l\sum_{p=1}^n|a_{ikp}|\alpha_p Y_{l,m} +$$

$$\Delta^2\sum_{l=1}^n|b_{ikl}|\beta_l\sum_{p=1}^n|b_{ikp}|\beta_p Y_{l,m-m_i+1} + \Delta(1-|(1-\theta)c_{ik}\Delta)\sum_{l=1}^n|a_{ikl}|\alpha_l(Y_{l,m} + Y_{k,m}) +$$

$$\Delta(1-(1-\theta)c_{ik}\Delta)\sum_{l=1}^n|b_{ikl}|\beta_l(Y_{l,m-m_i+1} + Y_{k,m}) + \Delta^2\sum_{l=1}^n|a_{ikl}|\alpha_l\sum_{l=1}^n|b_{ikl}|\beta_l(Y_{l,m-m_i+1} +$$

$$Y_{l,m}) \qquad (6-10)$$

另一方面，根据（6-2）和（H1）得到：

$$y_{k,m+1}^2 \leqslant (y_{k,m}^*)^2 + L_{ik}^2(y_{k,m}^*)^2(\Delta B_{k,m})^2 + 2y_{k,m}^*\sigma_{ik}(y_{k,m}^*)\Delta B_{k,m} \qquad (6-11)$$

由于 $E(\Delta B_{k,m}) = 0$ 和 $E(\Delta B_{k,m})^2 = \Delta$，则由（6-10）得：

$$Y_{k,m+1} \le P_i Y_{k,m} + \sum_{j=1}^{n} Q_{il} Y_{l,m} + \sum_{l=1}^{n} R_{il} Y_{l,m-m_l+1} \qquad (6-12)$$

从而，

$$Y_{k,m+1} \le P_i Y_{k,m} + \sum_{l=1}^{n} Q_{il} Y_{l,m} + \sum_{l=1}^{n} R_{il} Y_{l,m-m_l+1} \qquad (6-13)$$

其中：

$$P_i = \frac{1 + L_{ik}^2 \Delta}{(1 + \theta c_{ik} \Delta)^2} \Big[(1 - (1-\theta) c_{ik} \Delta)^2 + \Delta(1 - (1-\theta) c_{ik} \Delta) \sum_{l=1}^{n} |a_{ikl}| \alpha_l +$$

$$\Delta(1 - (1-\theta) c_{ik} \Delta) \sum_{l=1}^{n} |b_{ikl}| \beta_l \Big]$$

$$Q_{il} = \frac{1 + L_{ik}^2 \Delta}{(1 + \theta c_{ik} \Delta)^2} \Big[\Delta^2 |a_{ikl}| \alpha_l \sum_{p=1}^{n} |a_{ikp}| \alpha_p + \Delta(1 - (1-\theta) c_{ik} \Delta) |a_{ikl}| \alpha_l +$$

$$\Delta^2 |a_{ikl}| \alpha_l \sum_{l=1}^{n} |b_{ikl}| \beta_l \Big]$$

$$R_{il} = \frac{1 + L_{ik}^2 \Delta}{(1 + \theta c_{ik} \Delta)^2} \Big[\Delta^2 |b_{ikl}| \beta_l \sum_{p=1}^{n} |b_{ikp}| \beta_p + \Delta(1 - (1-\theta) c_{ik} \Delta) |b_{ikl}| \beta_l +$$

$$\Delta^2 |b_{ikl}| \alpha_l \sum_{l=1}^{n} |b_{ikl}| \beta_l \Big]$$

则：

$$Y_{k,m} \le \Big(P_i + \sum_{l=1}^{n} Q_{il} + \sum_{l=1}^{n} R_{il} \Big) \max_{1 \le l \le n} \{ Y_{k,m}, Y_{l,m}, Y_{l,m-m_l+1} \}$$

通过迭代计算，我们得到当 $m \to \infty$ 时如果

$$\mu^2 L_{ik}^2 \Delta^2 + \nu \Delta + \lambda < 0 \qquad (6-14)$$

那么 $Y_{k,m} \to 0$，这等价于：

$$\mu^2 L_{ik}^2 \Delta^2 + \nu \Delta + \lambda < 0 \qquad (6-15)$$

其中 μ, ν and λ 如同（6-3）、（6-4）和（6-5）定义的一样。根据（H2）和（H3），我们易得到 $\lambda < 0$。因此，

$$\Delta_k = \min \Big\{ \min_{i \in S} \frac{1}{(1-\theta) c_{ik}}, \min_{i \in S} \frac{-\nu + \sqrt{\nu^2 - 4 L_{ik}^2 \mu^2 \lambda}}{2 L_{ik}^2 \mu^2} \Big\} > 0$$

从而当 $\Delta \in (0, \Delta_k)$ 时，（6-14）成立。

令 $\Delta_0 = \min_{1 \le k \le n} \{1, \Delta_k\}$，那么：

$$\lim_{m \to \infty} E |y_{k,m}|^2 = 0$$

即系统（6-1）的数值方法是 MS-稳定的。证毕。

6.4　数值仿真

在本节，我们将通过例子来直观地显示前一节所得到的数值方法的稳定性结论。

设 B(t) 是比例 Brown 运动，r(t) 是取值于 $S = \{1,2\}$ 的右连续 Markov 链，其生成子为：

$$\Gamma = \begin{pmatrix} -1 & 1 \\ 1 & -1 \end{pmatrix}$$

同时，假设 B(t) 和 r(t) 是独立的。下面考虑一个二维随机时滞神经网络：

$$d\begin{pmatrix} x_1(t) \\ x_2(t) \end{pmatrix} = -C_i\begin{pmatrix} x_1(t) \\ x_2(t) \end{pmatrix}dt + A_i\begin{pmatrix} f(x_1(t)) \\ f(x_2(t)) \end{pmatrix}dt + B_i\begin{pmatrix} g(x_1(t-1)) \\ g(x_2(t-1)) \end{pmatrix}dt$$
$$+ D_i\begin{pmatrix} x_1(t) \\ x_2(t) \end{pmatrix}dB(t) \tag{6-16}$$

其中 t, 0，初始值 $x_i(t) = t+1, i = 1,2, t \in [-1,0]$。

令 $f(x) = g(x) = \arctan x$：

$$C_1 = \begin{pmatrix} 6 & 0 \\ 0 & 6 \end{pmatrix}, C_2 = \begin{pmatrix} 5 & 0 \\ 0 & 5 \end{pmatrix}, A_1 = \begin{pmatrix} 0.2 & 0.1 \\ 0.3 & 0.1 \end{pmatrix},$$

$$A_2 = \begin{pmatrix} 0.1 & 0.2 \\ 0.2 & 0.3 \end{pmatrix}, B_1 = \begin{pmatrix} -0.1 & 0.2 \\ 0.2 & 0.3 \end{pmatrix}, B_2 = \begin{pmatrix} 0.3 & -0.2 \\ 0.2 & -0.2 \end{pmatrix},$$

$$D_1 = \begin{pmatrix} 0.6 & 0.1 \\ 0.1 & 0.2 \end{pmatrix}, D_2 = \begin{pmatrix} 0.8 & 0.2 \\ 0.2 & 0.3 \end{pmatrix}$$

此模型在文献［239］中已经讨论过，根据文献［239］的定理 3 我们知道此系统是指数稳定的。令 $\alpha_l = \beta_l = L_{i1} = L_{i2} = 1(i = 1,2)$，则通过计算知道（H1），（H2）和（H3）成立。由定理得到当 $\theta = 0$ 时（6-16）的 SS-θ-方法在 $\Delta \in (0, 0.1667)$ 时是 MS-稳定的（图 6-1，图 6-2）。当 $\theta = 0.5$ 时（6-16）的 SS-θ-方法在 $\Delta \in (0, 0.334)$ 时是 MS-稳定的（图 6-3，图 6-4）。这些充分显示了（6-16）的 SS-θ-方法很好的再造了系统的均方稳定性。

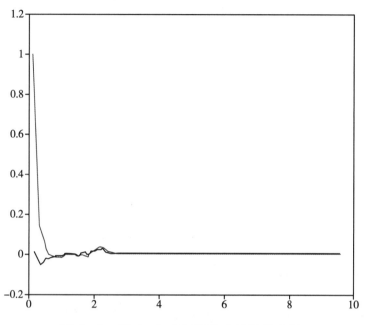

图 6 － 1　当 Δ ＝ 0. 1 时数值方法的稳定性

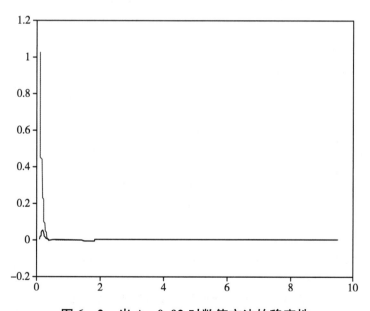

图 6 － 2　当 Δ ＝ 0. 02 时数值方法的稳定性

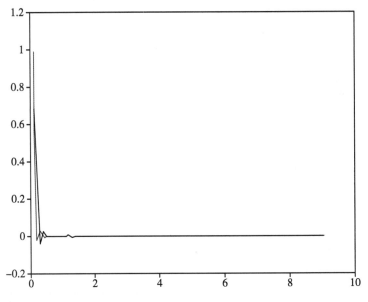

图 6-3　当 $\Delta = 0.02$ 时数值方法的稳定性

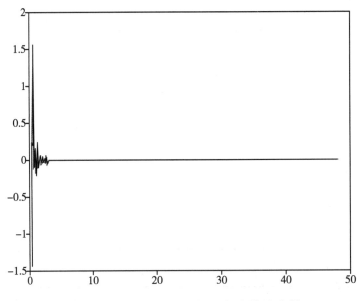

图 6-4　当 $\Delta = 0.2$ 时数值方法的稳定性

6.5　本章小结

本章讨论了具有 Markov 切换的随机时滞神经网络 SS － θ － 方法。首先给出了一类具有 Markov 切换的随机时滞神经网络解析解的指数稳定性结论，然后对具有 Markov 切换的随机时滞神经网络给出了 SS － θ － 方法迭代格式，建立了具有 Markov 切换的随机时滞神经网络的 MS － 稳定的一个充分条件。最后通过数值实例说明了本章中的数值方法的有效性和结论的正确性。

第7章 基于投资者情绪指数的上证综指预测

7.1 引　言

2015 年 3 月中旬以来股市一路攀升，上证综指收盘价由 3 月中旬的 3300 点左右升到 6 月初的 5100 点左右。与此同时，GDP 增长率不断下降，居民消费价格指数 CPI 月环比数据也不断下降，央行再次调低存款准备金率及利率，实行相对宽松的货币政策以刺激中国经济，但是中国似乎陷入了"流动性陷阱"，宽松的货币政策也达不到应有的目的。种种宏观经济现象与股票市场的"一路飘红"背道而驰，令人费解。投资股票的民众与日俱增，投资者们迫切需要一种有效的分析手段以最大程度的增加收益，降低风险。对于股市的预测研究，能够使投资者在复杂多变的环境中合理评估投资的风险，从而减少投资行为的盲目性，做出较为科学的投资决策。

股票价格的可预测性与市场的有效性紧密相连。按照有效市场假说的思路，对股市建立预测模型是不可完成的任务。然而，由于中国股票市场是社会主义市场经济条件下的资本流动市场，起步较晚、不够完善，具有中国特色。除此以外，国内学者对我国股票市场的有效性的大量研究表明我国的股市尚未达到弱式有效市场，可以进行预测研究。在这样的现实背景和可行性下，基于投资者情绪对股市的预测研究具有很高的理论价值和实践意义。

目前，针对投资者情绪指数和股市波动的相关分析主要有运用直接情绪指标（显性投资者情绪指数）构造情绪指数。文献［267 - 269］将中国证券报、上海证券报和证券时报的机构看盘数据作为投资者情绪，研究其对股票收益的预测能力；文献［270］将投资者情绪细分为散户投资者情绪和大户投资者情绪，从股票流动性的角度解释情绪波动与收益率的关系，结果显示，市场收益有助于个人投资者情绪指数的预测，个人投资者情绪对市场收益的影响并不显著。文献［271，272］基于行为金融学理论，基于投资者情绪度量的稳健性检验，运用主成分法、卡尔曼滤波分析方法构建复合情绪指标，对投资者情绪波动影响股票市场的作用机制进行研究。

除此之外，有运用间接情绪指数（隐性投资者情绪指数）构造情绪指数。主要由那些具有市场气候风向标的交易指标数据构成[273-275]。文献［276］等采用散户市场日情绪指数、大户市场日情绪指数、机构市场日情绪指数、新股中签率等 8 个情绪变量，使用主成分分析法对市场投资者情绪进行研究；文献［277］运用集成经验模态分解（EEMD）方法分别将投资者情绪和股指价格序列分解成若干个独立的、不同尺度的 IMF 分量和一个残余项，结合计量模型考察投资者情绪和股指价格序列在不同时间尺度下的波动关联性。

本章主要讨论依据网络爬虫技术、基于网络搜索构建的情绪指数是否能够很好地代表投资者的情绪；在利用神经网络进行上证指数预测时，引入了情绪指数后模型的预测精度是否提高。

7.2　数据来源与百度指数

7.2.1　数据来源与软件说明

（1）数据来源。本章研究的模型是基于百度指数构建的每日情绪指数来进行每日上证综指收盘价的预测，具体涉及的数据如表 7 - 1：

表 7 - 1　　　　　　　　　数据说明

数据内容	数据来源	数据量	数据用途
关于股票的挖掘文本	东方财富网"股吧"新浪微博	50000 多个文本	用于关键词库的构造
关键词按日被搜索量	百度指数	36153（103×351）个	用于情绪指数的构建
上证指数每日收盘价	万德数据库	351 个日数据	用于 BP 神经网络模型的建模

本章所选取的样本时间段是自 2014 年 1 月 2 日至 2015 年 6 月 10 日，除去节假日（此期间股票不交易）后总计 351 个日数据。

（2）软件说明。本章在数据处理和建模过程中用到的软件如表 7 - 2：

表 7 - 2 　　　　　　　　　　　　所用软件说明

软件名称	软件用途
八爪鱼数据采集器	采集关于股票的文本
ROST ContentMining 内容挖掘系统	对抓取文本进行中文分词、过滤、词频统计
Eview7.2	相关系数的计算及相关图的描绘
R 语言	基于随机森林重要性算法选取关键的关键词
SPSS19.0	用于基于主成分法情绪指数的构建
R 语言、MATLAB 2013	BP 神经网络建模及预测
Tagxedo - Creator	用于可视化词云的制作

7.2.2　百度指数的引入

百度指数就是百度搜索次数。百度指数 1000，就是网民通过百度搜索该词汇 1000 次。它是以百度海量网民行为数据为基础的数据分享平台，是当前互联网乃至整个数据时代最重要的统计分析平台之一，自发布之日便成为众多企业营销决策的重要依据。百度指数能够告诉用户：某个关键词在百度的搜索规模有多大，一段时间内的涨跌态势以及相关的新闻舆论变化，关注这些词的网民是什么样的，分布在哪里，同时还搜了哪些相关的词。百度指数的主要功能模块有：基于单个词的趋势研究、需求图谱、舆情管家、人群画像；基于行业的整体趋势、地域分布、人群属性、搜索时间特征。

本章中用到百度指数的两大功能分别是：（1）相关检索词：关键词 A 的相关检索词是网民搜索 A 时，同时还搜索过的其他关键词。根据搜索热度排名，选取与关键词 A 相关的前 10 个词来扩充候选关键词；（2）整体趋势研究：趋势研究中主要表现形式有 PC 搜索指数和移动搜索指数，由于 PC 搜索指数从 2006 年 6 月可以查询，移动搜索指数可从 2011 年 1 月开始查询，所以本章中百度指数选取自 2011 年 1 月开始的含 PC 端和移动端的整体搜索指数。

7.3　基于岭回归和随机森林法的关键词选择

（1）初始候选关键词库的信息来源及构造。本章利用八爪鱼采集器，分别从东方财富网"股吧"和新浪微博上以"股票"为话题的微博中抓取文本，来进行候选关键词库的构造。选取东方财富网"股吧"和新浪微博作为信息来源的原因：

东方财富网凭借权威、全面、专业、及时的优势，已成为中国乃至全球访问量最大、影响力最大的财经门户网站，在多项权威调查和统计数据中位居中国财经网站第一。根据 iUserTracker 公布的数据显示，在有效浏览时间、核心流量价值以及日均覆盖人数等关键指标方面，东方财富网均遥遥领先，行业优势十分明显。根据 iResearch 艾瑞咨询推出的网民连续用户行为研究系统 iUserTracker 最新数据显示，东方财富网日均覆盖人数具有较大的领先优势，东方财富网有效浏览时间仍然保持大幅领先优势，占垂直财经网站总有效浏览时间的 43.8%。而其中的股吧作为中国人气最旺的股票主题社区，实时行情评论和个股交流能反映出投资者的情绪变化，帖子的标题能够概括性地反映出投资者的情绪，所以利用东方财富网股吧标题来进行搜索关键词构造具有可行性和可信度。

而新浪微博是一个由新浪网推出，提供微型博客服务的类 Twitter 网站，它的特点是门槛低、随时随地、快速传播、实时搜索等，截至 2014 年 9 月，微博日活跃用户达到 7660 万人，月活跃用户达到 1.67 亿人，截至 2014 年 12 月末，微博月活跃用户达到 1.76 亿。微博用户群持续稳定增长。据 2014 年微博用户发展报告中统计，从月活跃用户的年龄比重上看，19 – 35 岁用户占月活跃用户总量的 72%，而现在股民年龄结构趋向年轻化，因此从微博中抓取含有"股票"的微博文本不仅具有可行性，对从东方财富网股吧中抓取出的关键词库也具有合理的补充性。

对于东方财富网，本章抓取股吧中帖子标题，股吧标题挖掘步骤如下：首先，进行标题库建立。利用八爪鱼采集器抓取出近 30000 个标题，形成标题库。

然后利用由武汉大学 ROST 虚拟学习团队开发的 ROST Content Mining 内容挖掘系统依次进行中文分词（选择去噪音化，即把无意义的词剔除）、词频统计；

最后，词的可视化。图中词的大小越大，该词出现的次数越多，可视化词云如图 7 – 1。

图 7 – 1　来自东方财富网"股吧"的关键词词云

类似地，对于新浪微博，本章抓取含有"股票"关键词的微博文本，关键词库构造步骤同（1），抓取近期的 20000 多条含有"股票"的微博文本后，可视化词云如图 7 – 2。

图 7 – 2　来自新浪微博的关键词词云

（2）候选关键词的选取。根据以上两个词云，我们发现一些词是明显和股票无关的，比如"最好""这次""院长"等词，因此只利用词云中与股票相关的词，借助百度指数的相关检索词功能（检索热度前 10 名）来扩充关键词库。

每轮保留词的原则是：（1）能反映投资者对股票市场的关注；（2）关键词的百度指数整体趋势存在；（3）能够代表股票市场投资者的关注热点；（4）词义唯一。如此重复 2 ~ 3 轮后，确定最终候选 103 个关键词如表 7 - 3：

表 7 - 3　　　　　　　　　　103 个候选词

关键词	关键词	关键词	关键词	关键词
A 股	概念股	蓝筹股	铁路	主力
CPI	港股	理财	同花顺	注册资本
GDP	公司	利息	投行	资本
K 线图	股票基金	买股票	投资公司	资产管理
保险	股票开户	配股	投资基金	财经郎眼
悲伤	股票入门	如何炒股	限售股	炒股
财富	股票软件	散户	香港股市	大盘
财经	股票市场	股指期货	新基金	股票
财经网	股票手续费	互联网	新浪股票	股票开户流程
财经新闻	股票推荐	降息	新三板	股票行情
财务	股票行情	降准	印花税	股市
财政政策	股票走势图	金融	债券	广发基金
抄底	股指	经济	涨停	换手率
创业板	贵金属	如何开户	涨停板	模拟炒股
大智慧	基金	上市	证券市场	牛刀
低价股	基金公司	上证指数	中国股票	小盘股
多头	价格	申购新股	中国经济	新浪财经
房贷	借壳上市	深证指数	中国证券	庄家
房价	空头	石油	中小板	恒生指数
风险	口红效应	市盈率	主板	蒋菲
风险管理	扩张	税收		

（3）重要关键词的提取——岭回归法和随机森林法。选取样本时间段为 2014 年 1 月 2 日至 2015 年 6 月 10 日，将以上 103 个关键词在百度指数中提取按日整体搜索量成表，去除节假日（股票不交易）后，每个关键词各有 351 个数据，共计 36153（103 × 351）个数据。股票指数用的是对应时间的收盘价，数据

来源于万德数据库。

为了构造出与股票市场相关性高的情绪指数，需要对 103 个候选关键词进行关键的关键词提取，本章采用两种候选方法：岭回归法和随机森林法。

方法一：岭回归法：

岭回归法是 A. E. Horel 在 1962 年提出的一种能同时诊断和处理多重共线性问题的特殊方法，在多重共线性十分严重的情况下，两个共线变量的系数之间的二维联合分布是一个山岭状曲面，曲面上的每一个点均对应一个残差平方和，点的位置越高，相应的残差平方和越小。多重共线性会隐藏自变量和因变量之间的相互关系，通过岭回归法筛选重要变量，可以解决上述问题。具体而言，岭回归的模型可以表示为：

$$\hat{\beta}^{ridge} = \underset{\beta}{\operatorname{argmin}} \left\{ \sum_{i=1}^{N} \left(y_i - \beta_0 - \sum_{j=1}^{p} x_{ij} \beta_j \right)^2 + \lambda \sum_{j=1}^{p} \beta_j^2 \right\} \tag{7-1}$$

式中的 λ 是重要的设置参数，它控制了惩罚的严厉程度，设置过大可能会使模型参数趋于 0，形成拟合不足。设置得过小可能会形成过度拟合。经过交叉检验，最终确定 λ 的值为 0.001.

利用 R 软件将收盘价作为因变量，关键词百度指数按日搜索量数据作为自变量，对 103 个候选关键词系数做岭回归，回归系数 p 值越小，说明该关键词对上证指数的影响越显著，因此按照 p 值小于 0.01 的原则，选出 22 个关键词，如表 7-4 所示：

表 7-4　　　　　　**根据岭回归法选出的 22 个关键词**

关键词	关键词	关键词	关键词	关键词	关键词
A 股	创业板	股票行情	上证指数	投资公司	股票行情
K 线图	低价股	基金	深证指数	大盘	牛刀
财经	财经新闻	扩张	税收	股票开户	新浪财经
财经网	股票市场	股指期货	同花顺		

方法二：随机森林重要性算法：

随机森林算法是由 Leo Breiman 于 2001 年提出的一种组合多个树分类器进行分类的方法。其基本思想是：每次随机选取一些特征，独立建立树，重复这个过程，保证每次建立树时变量选取的可能性一致，如此建立许多彼此独立的树，最终的分类结果由产生的这些树共同决定。

为了从初始关键词中选出显著的关键词用来构造情绪指数，首先对 103 个关

键词和上证综指收盘价在样本期内的数据进行随机森林回归，并选择最为显著的
24 个关键词，结果如表 7 - 5 所示。其中"IncMSE"是从均方误差的平均递减来
衡量变量的重要性，"InNodePurity"则是从精确度的平均递减来衡量变量重要性，
数值越大，则该变量越重要，本章主要是基于"IncMSE"指标进行筛选前 26 个。

表 7 - 5　　　根据随机森林法选出的 26 个关键词及其重要性

关键词	IncMSE	IncNodePurity	关键词	IncMSE	IncNodePurity
上证指数	18. 3111335	70319624. 466	财富	6. 2023944	408868. 845
新浪财经	11. 0996287	37271531. 388	K 线图	6. 0283271	4471276. 718
蒋菲	10. 1539895	1246745. 333	借壳上市	5. 9745109	583417. 921
印花税	9. 2731855	6668283. 914	财经新闻	5. 9705371	12713398. 868
同花顺	8. 8927176	20349504. 008	扩张	5. 7667954	154156. 621
股票市场	8. 1591129	207379. 972	小盘股	5. 7403791	49460. 144
铁路	7. 8524987	164550. 030	基金	5. 6783836	10028302. 787
港股	7. 8074857	5268660. 058	口红效应	5. 4389205	265183. 348
恒生指数	7. 6982341	4573528. 073	牛刀	5. 4351381	88221. 063
低价股	7. 6427898	488027. 667	财政政策	5. 2897980	99432. 327
股票走势图	7. 2396083	18316265. 929	股票行情	5. 2771414	6403470. 905
换手率	6. 5187249	3330707. 743	税收	5. 1671465	176717. 125
大智慧	6. 4440482	8718565. 060	股票推荐	5. 0234783	143695. 694

（4）投资者情绪指数构建——基于主成分法。基于主成分计算投资者情绪
得分是利用 SPSS19. 0，分别依据岭回归法和随机森林重要性选出的关键的关键
词用主成分分析方法进行降维处理，按特征值大于 1 的原则选取主成分，最后
用各主成分得分加权后的总得分作为情绪指数的代理值，计算公式如下所示：

基于岭回归——主成分法构造的情绪指数：

$$X' = （73. 238f_{11} + 6. 545f_{12} + 5. 678f_{13}）/85. 461 \qquad (7 - 2)$$

基于随机森林——主成分法构造的情绪指数：

$$X'' = （64. 519f_{21} + 8. 993f_{22} + 5. 46f_{23}）/78. 972 \qquad (7 - 3)$$

（5）投资者情绪指数的有效性分析。在构造完成投资者情绪指数后，需要
检验其是否能够代表市场上投资者的情绪。市场上投资者的情绪变化是与上证
指数的变化紧密联系，只要证明构造出的情绪指数与上证指数关系紧密，那么
说明本章构造的情绪指数与市场上投资者情绪关系紧密，也就是说投资者情绪

指数能够较好地代表市场上投资者的情绪。

检验方法：一是计算投资者情绪指数和上证综指的收盘价之间的相关系数，方法二是根据趋势图观察投资者情绪指数的变动趋势是否与上证指数的变动趋势同步。由于上证指数和情绪指数的量纲不一致，所以需要进行标准化后进行比较。

r 代表上证综合指数的收盘价与情绪指数的相关系数，由表 7-6 可以看出，两种方法构建的情绪指数与上证综合指数的收盘价之间的相关系数 r 均大于 0.9，强相关，证明所构建的情绪指数与收盘价高度相关。从相关系数大小的比较上看，基于随机森林——主成分法的构造的情绪指数略优于基于岭回归——主成分法构造的情绪指数。

表 7-6	相关系数值
构建情绪指数的方法	r
岭回归——主成分法	0.9177
随机森林——主成分法	0.9317

图 7-3 和图 7-4 显示出：本章所构造的投资者情绪指数与上证指数的走势基本趋同。从波动程度上看，基于岭回归——主成分法构造的情绪指数优于基于随机森林——主成分法的构造的情绪指数。

综合上述两种形式的相关性验证，基于岭回归——主成分法构建的情绪指数和基于随机森林——主成分法构建的情绪指数与上证指数收盘价高度相关，

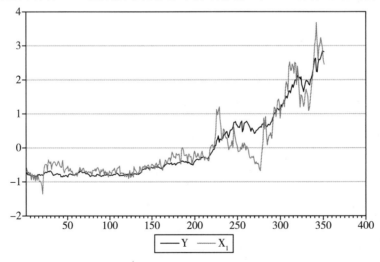

图 7-3 上证综指与基于岭回归——主成分法构造的情绪指数的趋势变动图

注：Y 代表标准化后的上证收盘价，X_1 代表标准化后的基于岭回归——主成分法构建的情绪指数。

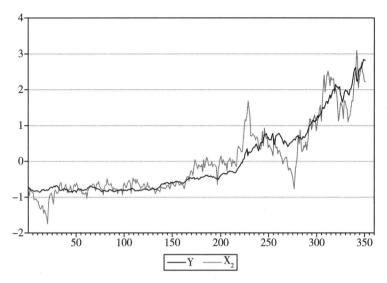

图 7 - 4　上证综指与基于随机森林——主成分法构造的情绪指数的趋势变动图

注：Y 代表标准化后上证收盘价，X_2 代表标准化后基于随机森林——主成分法构建的情绪指数。

由于股价的波动受到多个不确定因素的影响，如国家政策、企业重组、突发事件等，不仅仅受到投资者情绪的影响，所以在部分样本段波动剧烈，但整体上趋势保持一致，因此本章构造的情绪指数较好地能够代表市场上投资者的情绪。

7.4　BP 神经网络模型建立和检验

BP 神经网络是一种多层前馈神经网络，它的名字源于在网络训练过程中，调整网络权值的训练算法是反向传播算法。据统计，80% 左右的神经网络模型采用了 BP 网络或者它的变异形式。BP 网络体现了神经网络中最精华、最完美的内容，BP 网络理论完备，应用广泛。

7.4.1　模型假定

投资者情绪对股票市场的影响是一个较为复杂的问题，投资者情绪难以直接准确测度，其对股市的影响混杂着着线性与非线性、结构化与非结构化等多个方面。基于对建模分析的需要，首先对模型做出假设。

（1）在建立 BP 神经网络进行预测时，我们假定我国的股票市场尚未达到弱有效市场（相关研究也支持该观点）。当有效市场假说成立时，交易价格会服从随机分布，我们无法对随机序列是进行预测，也无法对股票市场建立预测模型。

（2）投资者的搜索行为在一定程度上会反映投资者的情绪变化，进而影响其投资决策。一般而言，投资者会基于获得的信息进行股票市场的投资，信息的准确性和完备性会影响股票投资的收益和风险。

（3）上述分析所建立的投资者情绪指数可以反映投资者的心理波动的平均水平。对于不同的投资者来说，其心理预期并不相同，对同一信息的反映程度存在差异，考虑到研究的方便性和可行性，我们假定基于百度指数建立的投资者情绪可以反映平均水平。

7.4.2　模型设定

（1）模型简介。BP 网络是一种具有三层或者三层以上神经元的神经网络，包括输入层、隐含层和输出层，上下层之间实现全连接，而同一层的神经元之间无连接，输入层与隐含层神经元之间的是网络的权值，也即两个神经元之间的连接强度。隐含层和输出层任一神经元将前一层所有神经元传来的信息进行整合，通常在整合过的信息中还会在添加一个阈值，这一点主要是模仿生物学中神经元必须达到一定的阈值才会触发的原理，然后将整合过的信息作为该层神经元输入。图 7 - 5 显示的是一个三层 BP 神经网络结构图，其隐藏层个数为一个。

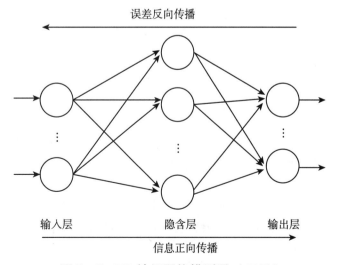

图 7 - 5　BP 神经网络模型图（三层）

相对于线性模型，BP 神经网络具有如下优点：容错能力强、快速得到最优解、充分逼近任意复杂非线性关系、适应能力强。基于神经网络的基本原理和其自身的特点，本章选择运用 BP 神经网络对上证综指的预测进行研究。

（2）模型建立。尽管增加网络层数可以进一步地降低误差，提高精度，但同时也使网络复杂化，从而增加了网络权值的训练时间。而误差精度的提高实际上也可以通过增加隐层中的神经元数目来获得，其训练效果比增加层数更容易观察和调整。同时，由 Kosmogorov 定理可知，在神经网络结构合理和神经节点权值取值恰当的条件下，三层神经网络可以逼近任何连续函数。基于上述分析，我们将隐含层的个数设为 1，构建三层神经网络。

本章是基于投资者情绪指数和上证综指往期数据，对上证综指进行预测。考虑到我国股票市场的实际情况，一周的交易天数为 5 天，因此，上证综指的滞后期选择四期较为合适。同时，后续的实证分析发现，投资者情绪指数选择两期时，整个模型的拟合效果达到最好。因此，我们将输入层神经节点数目设置为 6。

由 BP 神经网络的相关理论和研究的具体要求，基于模型的拟合度，经过相关分析，我们最终确定了 BP 神经网络的相关参数，其具体结果如表 7 - 7 所示。

表 7 - 7　　　　　　　　　　　　**BP 神经网络的具体结构**

相关指标	模型 I	模型 II、模型 III
输入层数据	前 4 期收盘价	前 4 期收盘价 + 前 2 期情绪指数
输入层神经元数	4	6
隐含层	1	1
隐含层神经元数	9	9
输出层神经元	1	1
学习速率	0.01	0.01
训练算法	Levenberg - Marquardt 算法	Levenberg - Marquardt 算法
训练误差	0.001	0.001
最大学习次数	5000	5000

注：模型 I：输入层数据为前四期的收盘价。
　　模型 II：输入层数据为前四期的收盘价、前两期的情绪指数（岭回归法）。
　　模型 III：输入层数据为前四期的收盘价、前两期的情绪指数（随机森林法）。
　　具体而言，本章所涉及的模型 I、模型 II 和模型 III 可以用以下三个等式表示。

$$
\begin{cases}
模型 \text{I} \quad y_t = NN(y_{t-1}, y_{t-2}, y_{t-3}, y_{t-4}) & (7-4) \\
模型 \text{II} \quad y_t = NN(y_{t-1}, y_{t-2}, y_{t-3}, y_{t-4}, x'_{t-1}, x'_{t-2}) & (7-5) \\
模型 \text{III} \quad y_t = NN(y_{t-1}, y_{t-2}, y_{t-3}, y_{t-4}, x''_{t-1}, x''_{t-2}) & (7-6)
\end{cases}
$$

其中，y_t 为第 t 期的上证综指收盘价；$y_{t-1}, y_{t-2}, y_{t-3}, y_{t-4}$ 分别表示 t−1 期、t−2 期、t−3 期、t−4 期的上证综指收盘价，x'_{t-1}, x'_{t-2} 则表示 t−1 期、t−2 期的投资者情绪指数（岭回归法）；x''_{t-1}, x''_{t-2} 则表示 t−1 期、t−2 期的投资者情绪指数（随机森林法）；NN 表示 BP 神经网络模型。

7.4.3　模型拟合

（1）基于上证综指的 BP 神经网络模型。运用 R 软件对 2014 年 1 月 3 日至 2015 年 6 月 2 日的 344 个数据进行处理，作为训练样本，用接下来 4 期数据作为模型的外推预测，运用前四期的收盘价进行预测。图 7 −6（模型 I）为实际收盘价和预测收盘价的拟合，其中红色的线为实际收盘价，蓝色的线为预测收盘价，从图中大致可以观察到整个模型的拟合效果还是不错的。

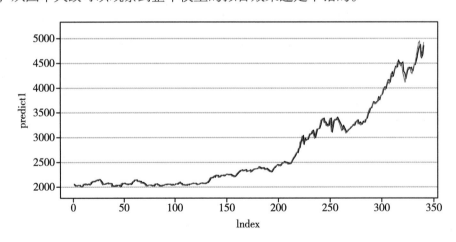

图 7 −6　基于模型 I 的 BP 神经网络预测

进一步研究发现，整个模型的拟合优度为 99.64%，表明运用前四期收盘价的 BP 神经网络预测值与实际值有着高达 0.9964 的拟合，均方误差为 2140.393，说明对上证综指的预测是极为有效的。图 7 −6 大致反映了我国上海证券交易所自 2014 年以来的波动情况，2014 年 10 月 29 日（x = 200）之前，整个股票市场处于平稳阶段，波动率较小，此后，我国的股票市场进入了一个相对高速的增长时期。

（2）加入情绪指数后的 BP 神经网络模型。考虑到近期股市波动较为剧烈，基于行为金融学的相关理论，本章考虑加入先前构造的情绪指数，建立模型 Ⅱ 和模型 Ⅲ，其中模型 Ⅱ 中情绪指数重要性指标的确立是基于岭回归，模型 Ⅲ 则是基于随机森林重要性准则。以上证综指前四期收盘价和前两期情绪指数作为输入变量，当日的收盘价作为输出变量，对网络进行训练，并与上证综指的实际值进行比较，计算均方误差，图 7 - 7 为模型 Ⅲ 的训练样本拟合图（由于模型 Ⅱ 的结果与模型 Ⅲ 类似，就不在这里赘述）。

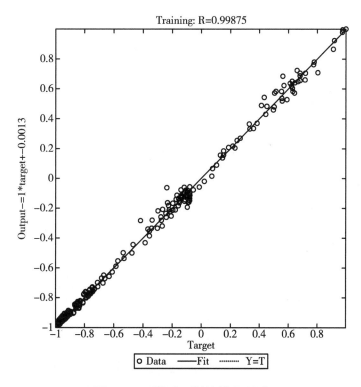

图 7 - 7 模型Ⅲ训练结果拟合

输出结果显示，模型的拟合状况良好，$MSE_1 = 2140.393$，$MSE_2 = 1980.157$，$MSE_3 = 1914.755$，说明基于随机森林法方法构造的消费者情绪指数拟合效果最好。

7.4.4 模型预测

基于所建立的 BP 神经网络模型，基于相关数据，对之后四个交易日的数据

(2015年6月3—8日)进行预测，并与实际数值进行对比，预测结果如表7-8所示。为了更方便、准确地了解模型的预测效果，本章计算了用平均绝对百分误差MAPE来衡量预测的准确性，其计算公式为：

$$MAPE = \frac{1}{n} \sum_{i=1}^{n} \left| \frac{\hat{y}_i - y_i}{y_i} \right| \times 100$$

经计算，三种BP神经网络预测模型的预测效果并不完全相同，其平均绝对百分误差分别为2.455、2.294和2.139，模型Ⅱ的预测误差最小，见表7-8。

表7-8　　　　　　　　　　模型预测结果及误差

时间	实际值	预测值		
		模型Ⅰ	模型Ⅱ	模型Ⅲ
2015 - 06 - 03	4909.98	4844.906	4840.418	4837.07
2015 - 06 - 04	4947.1	4841.902	4848.939	4850.21
2015 - 06 - 05	5023.1	4888.180	4892.050	4901.84
2015 - 06 - 08	5131.88	4942.867	4969.392	4988.46
平均绝对百分误差（MAPE）		2.455	2.294	2.139

7.4.5　模型优化

大数据背景下，投资者行为和股市变动的研究仍处于萌芽阶段，在有限的时间和物力资源条件下，本章的研究可能不尽全面。基于以上的研究，对模型提出了进一步优化，主要有以下两点。

首先，在选择初始关键词时，本章运用文本挖掘技术对新浪微博和东方财富网的股吧的相关文字内容进行处理，并基于百度搜索产生相关搜索词。但是网络搜索数据仅为大数据信息的其中一种表现形式，更为一般的大数据形式是互联网网页上的非结构化或半结构化数据，可进一步探索网络爬虫等计算机算法与统计分析的结合机制，从而实现有用信息的提取。

其次，BP神经网络模型的算法仍需进一步的改进。尽管BP网络在模型拟合方面具有很好的能力，但是由于神经网络自身算法的限制，并不是所有的输入量经过训练和学习就可以达到较高的预测精度。因此可在以后的研究和探索中尝试使用BP神经网络与其他算法相结合的预测模型，进而实现模型预测的精准度。

7.5 本章小结

7.5.1 模型结论

近年来，计算机技术和人工智能技术的迅猛发展，为股票市场的建模与预测提供了新的方法，而神经网络作为一种有效的智能信息处理技术，能依据数据本身的内在联系建模。由于神经网络具有很强的非线性逼近能力和自学习、自适应等特性，它不需要建立复杂的非线性系统的显式关系和数学模型，可以克服传统定量预测方法的许多局限以及面临的困难，在股市预测模型建造的合理性以及适用性方面都具有其独特的优势。

（1）本章使用了两种确定重要关键词的方法——岭回归法和随机森林法，岭回归法的本质是回归，研究的是线性关系，而随机森林算法则是处理非线性、具有交互作用的数据。实证分析发现，对于上证综指市场来说，非线性的随机森林法具有较好的变量筛选和拟合回归作用。

（2）基于网络搜索所构建的投资者情绪指数与上证综指具有较高的相关度，能够很好地作为投资者情绪的代理变量。说明网络搜索行为在一定程度上可以反映投资者的情绪，根据行为金融学的相关学说，投资者情绪波动会进一步影响股市波动。

7.5.2 模型评价

本章采用的数据是 2014 年 1 月 1 日至 2015 年 6 月 8 日的交易日数据，基于行为金融学理论和神经网络的建模理论基础，运用投资者情绪指数和上证综指收盘价，建立 BP 神经网络模型对上证综指进行预测。在此基础之上，加入投资者情绪指数对模型进行修正，达到了较高的预测精度。

（1）本章为大数据背景下股市波动分析提供了一条思路。本章采用的是 BP 神经网络模型，分析了投资者情绪对上证综指的影响，进而建立预测模型进行预测，为行为金融学的研究提供了借鉴。随着 3G 网络的普及和 4G 网络的推广，互联网逐渐成为人们生活必不可少的组成部分。通过文本挖掘、分词处理等相关方法，得到关键词，并利用百度指数构造投资者情绪指数，进而建立其对大盘的预测，为股票预测提供了一种全新的思路。

（2）将构造的情绪指数加入模型后，拟合效果很好，表明在应用 BP 神经网络模型预测股市问题时，不需要构造过于复杂的网络模型，通过构造能够涵盖市场信息的数据变量即可让模型更好地学习市场数据间的关系，从而提高模型的预测精度。

第8章 基于改进果蝇优化算法的欧盟碳价预测

8.1 引 言

目前，在碳排放权交易市场的研究中，群体智能优化算法是一个研究热点。与遗传算法（GA）和人工免疫算法（AIA）等传统优化算法相比，群体智能算法具有模拟生物社会行为的特点，解决了现实中的优化问题。

果蝇优化算法（FOA）是 2011 年提出的一种新的群体智能算法，其灵感来源于果蝇的协同觅食行为。FOA 作为一种新型的群体智能算法，具有模型简单、参数少、易于实现等优点，引起了学者的广泛关注，并成功地应用于解决各类问题，比如，用于预测财务危机[278]，能耗拆卸线平衡方案[279]，装配线平衡方案[280]，能效优化方案[281]，种子园设计[282]。文献［283］提出了一种基于几何推理方法和 CAD 果蝇优化算法的最优冒口设计方法，将 FOA 用于优化立管几何尺寸，该方法可用于减少铸造生产周期的费用和时间，特别是对于铸造工艺优化阶段。文献［284］提出了一种多目标果蝇优化算法（MOFOA）来解决测试点选择问题，将二进制字符串用于表示果蝇的位置，1s 的数量和二进制字符串中 1s 的不同位置分别表示 FOA 的距离和方向，孤立故障的数量和选定的测试点都构成了多维适应度函数，以增强全局探索能力，该方法搜索了多个可能的最佳解决方案。文献［285］提出了一种将递减步长与混沌映射相结合（DSLC - FOA）的改进果蝇优化算法，用来解决基准函数无约束优化问题和约束结构工程设计优化问题。

然而，在复杂的优化问题中，传统 FOA 仍然存在容易陷入局部最优或过早收敛的缺点。为了提高传统 FOA 的搜索效率和全局搜索能力，学者提出了几种改进的 FOA 版本。文献［286］引入了一种新的控制参数，对果蝇群体的搜索范围进行自适应调整，并提出了一种新的求解生成方法，提高了算法的精度和收敛性，提出了一种改进的果蝇优化算法。文献［287］利用多个果蝇群体的行为，提出了多群果蝇优化算法，其中多个子群同时在搜索空间中独立移动，并设计了子群之间的局部行为规则。本章将对 FOA 进行详细的介绍和深入的研究，针对 FOA 目前存在的不足之处，提出相应的改进措施，并将改进的 FOA 应用于国际碳价格的预测研究中。这对于完善碳排放交易体系，提高国民经济的核心竞争力，促进整个碳市场的平稳发展具有重要的研究意义。

本章以 EUETS 下的主要碳排放合约期货——欧盟碳排放配额期货和核证减排量期货为研究对象，研究并改进传统的 FOA，并应用于 BP 神经网络和支持向量机模型来预测碳价。

8.2　果蝇优化算法

（1）果蝇优化算法的基本原理

群体智能是一门人工智能学科，致力于从昆虫等社会动物的群体行为中获得灵感的多智能体系统。尽管群体的单一个体的建模并不复杂，但他们能够在合作中完成复杂的任务。自然界中观察到的这些动物的有趣行为为解决现实问题提供了重要的灵感来源。基于群体智能的计算在人工智能算法中起着重要的作用，它关注的是分散、自组织系统的集体行为，受到一些动物，如蚂蚁、果蝇、鸟类和鱼类的行为的启发，其特点是个体间的局部互动产生的突发行为，在群体层面上产生智能行为。

在过去的 20 年中，人们提出了大量的群体智能算法。与遗传算法（GA）和人工免疫算法（AIA）等传统优化算法相比，群体智能算法具有模拟生物社会行为的特点，解决了现实中的优化问题。粒子群优化算法（PSO）模拟了鸟群觅食的行为，具有操作简单、参数设置少的特点。然而，粒子群算法容易陷入早熟收敛。人工蜂群算法（ABC）是一种模拟蜜蜂觅食行为的特殊行为。布谷鸟搜索算法（CS）是另一种基于某些布谷鸟种强制寄生行为的自然启发算法。然而，由于这种算法的复杂性很高，因此并不十分流行。果蝇优化算法（FOA）是2011年提出的一种新的群体智能算法，其灵感来源于果蝇的协同觅食行为。

果蝇是一种广泛存在于温带和热带气候区的昆虫，在视觉和嗅觉方面优于其他种类的飞虫，甚至能嗅出40公里外的食物来源。在寻找食物的过程中，果蝇最初利用其嗅觉器官闻到食物特殊的气味，发送和接收来自其相邻位置的信息，并比较气味浓度（或称为适应度值）和当前最佳位置。果蝇通过味觉识别适应度值，飞向适应度值最好的位置，接着他们用其敏锐的目光寻找食物，然后朝那个方向飞得更远。果蝇搜寻食物的路径如图8-1所示。

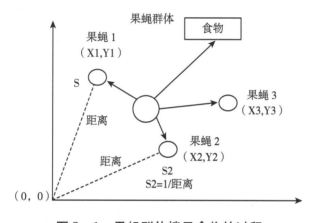

图8-1 果蝇群体搜寻食物的过程

果蝇优化算法的基本步骤：传统的FOA包含四个相互关联的阶段，包括初始化、嗅觉搜索、食物来源评估和视觉觅食。在初始化时，需要设置种群的大小、评定标准和位置。在嗅觉搜索过程中，果蝇群体中的一个个体闻到食物来源并朝那个位置飞去。在食物源评估过程中，对每个食物源的气味浓度值进行判定。在视觉觅食过程中，找到气味浓度最佳的食物来源，所有果蝇都会朝着气味浓度最佳的位置移动。然后，重复嗅觉搜索和视觉觅食的过程，直到满足终止条件为止。涉及的主要步骤可描述如下。

步骤1：初始化，定义果蝇种群的初始位置 (X_{axis}, Y_{axis})，果蝇群体的最大迭代次数 $Maxgen$ 和群体大小 $Sizepo$。

步骤2：果蝇群体在其当前位置附近随机生成新的食物源位置，寻找食物源新位置的随机搜索步长由下式给出：

$$X_i = X_{axis} + Randomvalue \qquad (8-1)$$

$$Y_i = Y_{axis} + Randomvalue \qquad (8-2)$$

步骤3：计算食物源到原点的距离（$Dist$），然后计算各个位置的气味浓度判定值（S_i），如下所示：

$$Dist_i = \sqrt{x_i^2 + y_i^2} \qquad (8-3)$$

$$S_i = \frac{1}{Dist_i} \qquad (8-4)$$

步骤4：将气味浓度判定值（S_i）代入到设定的适应度函数中，得到各果蝇个体的味道浓度（$Smell_i$）：

$$Smell_i = Function(S_i) \qquad (8-5)$$

步骤5：果蝇群基于视觉的搜索过程本质上是一个贪婪的选择过程，也就是说，果蝇群体观察通过上述基于嗅觉器官的搜索过程生成的所有位置，并找出气味浓度最小的最佳位置，如下所示：

$$[bestSmell \quad bestIndex] = \min(Smell_i) \qquad (8-6)$$

步骤6：记录下已找到的最佳的气味浓度值 $bestSmell$ 和对应的位置，果蝇群体将利用视觉向新位置飞去：

$$Smellbest = bestSmell \qquad (8-7)$$

$$X_{axis} = X(bestIndex) \qquad (8-8)$$

$$Y_{axis} = Y(bestIndex) \qquad (8-9)$$

步骤7：重复基于嗅觉和基于视觉的搜索过程，直到满足指定的停止标准（最大迭代次数）。

FOA 的流程图的详细步骤如图 8-2 所示。

与已有的生物启发算法相比，FOA 具有以下优点：

（1）FOA 的搜索过程是间接的、非线性的。在 FOA 中，可行解被编码成气味浓度的判定值 S_i。然而，在基于嗅觉的搜索过程中，生成新的候选解的主要操作并不是直接在 S_i 上工作。通过这种间接操作，搜索过程变得非线性，可以获得更强大的搜索能力。

（2）FOA 更简单、更容易实现。FOA 的过程只需要几行代码就可以在任何编程语言中对算法的核心部分进行编码。

（3）FOA 控制参数较少。除了最大迭代次数和群体大小外，FOA 没有其他额外的控制参数。

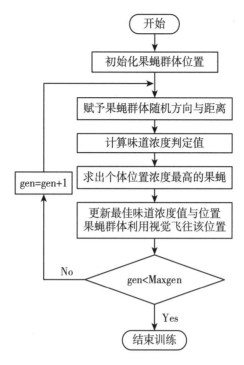

图 8 - 2　果蝇优化算法流程图

8.3　BP 神经网络与 SVM 理论

（1）BP 神经网络的基本思想。从根本上讲，神经网络是一个相互连接的节点网络，平行于人脑中巨大的神经元网络。在人工神经网络（ANN）中，分配给网络的每个节点代表一个神经元。一般来说，神经元通过突触连接接收来自其他类似神经元的信号。一个神经元通常连接到一个单独的处理元素，称为感知器。在网络中，神经元扮演着重要的角色，它们接受和处理输入，并创建输出。总的来说，两个神经元之间的连接承载着信息隐式编码的权重。然后，信息用存储在这些权重中的特定值进行模拟，使网络具有学习、泛化、想象和在网络中创建关系等功能。

第一个人工神经网络模型是由 McCulloch 和 Pitts 于 1943 年提出的。这个模型是基于一个"计算元件"，也就是经典的 MP 神经元模型。从那时起，这个模型激励了许多研究人员设计出具有人脑功能的快速计算模型，这些模型被称为神经网络。相反，人工神经网络以前馈模式运行，从输入层到隐藏层再到输出层。隐藏层的行为有点像一个"黑匣子"，有时会对人脑造成复杂性。一组神经元或感知集合在一个相互连接的网络中，形成一个神经网络模型。神经网络模型是一种非线性结构，将输入层、输出层和隐藏层结合在一起。

BP 神经网络是一种重要且广泛应用的神经网络模型。它在非线性数据分析中有着广泛的应用前景。在 BP 神经网络中，信息通过输入层通过隐藏层传递到输出层（正向），进一步的处理指向输出层，生成网络估计输出并与实际输出进行比较，误差计算为实际输出和估计输出之间的差值。然后，估计误差从输出层传播到输入层，因此术语称为"反向传播"。

BP 神经网络的基本思想：在输入样本之后，训练的过程包括两个阶段：信号的前向传播和误差的反向传播。在前向传播过程中，输入样本由输入层传至隐藏层，由每个隐藏层逐个处理，然后计算出相应的输出值；如果输出层的输出与预期输出不匹配，那么就进入到误差的反向传递过程；反向传播为将实际输出值与期望输出值的误差按原路线传播，用梯度下降的办法反向调整每层每个神经元的权重以及阈值。因此，网络输出会逐渐接近期望的输出，并重复该过程，并不断调整权重。这个过程一直持续到输出的误差降低到可接受的水平，或者直到达到预定的最大学习次数。前馈向后传播网络是一种学习算法，也称 BP 训练，它依靠多层网络"逆推"解决问题。它分两步对数据进行训练，第一步是首先正面传播数据信息，接着进入第二步，将第一步得到的误差进行反向传播。前馈向后传播网络通常先把数据信息传入神经网络的输入层，由每个隐藏层逐个处理，然后计算出相应的输出值；如果输出层的输出与预期输出不匹配，那么就进入误差的反向传递过程；反向传播为将实际输出值与期望输出值的误差按原路线传播，用梯度下降的办法反向调整每层每个神经元的权重以及阈值。因此，网络输出会逐渐接近期望的输出，并重复该过程，并不断调整权重。这个过程一直持续到输出的误差降低到可接受的水平，或者直到达到预定的最大学习次数，如图 8 - 3 所示。

BP 的算法相应程序框图如图 8 - 4 所示。

（2）支持向量机。近些年来，支持向量机（SVM）的理论以及该方法在实际问题中的应用已经取得了非常重大的进展 Cortes 和 Vapnik 在 20 世纪 90 年代早期引入 SVM 到机器学习系统，它利用高维特征空间中的线性函数假设空间，使用优化算法进行训练，实现源自统计学习理论的学习偏差。

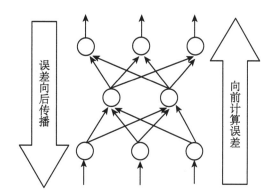

图 8 – 3　反向传输网络的两步训练

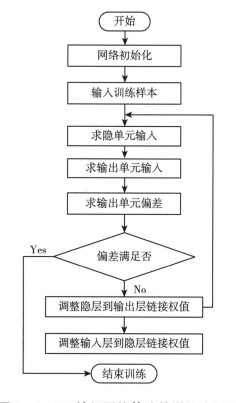

图 8 – 4　BP 神经网络算法的训练流程图

　　由于 SVM 具有强大的理论统计框架，它在多个领域，特别是对于噪声混合数据而言，比使用传统混沌技术的局部模型更具鲁棒性。近年来，SVM 在分类问题、回归和预测等方面取得了成功。SVM 除了具有较强的适应性、全局优化能力和良好的泛化性能外，还适用于小样本数据的分类。SVM 是在统计学习理论的基础上发展起来的，它是从结构风险最小化假设出发，将学习机的经验风险和置信区间最小化，以获得良好的泛化能力。

SVM 的基本思想是将原始数据集从输入空间映射到高维甚至无限维的特征空间，使特征空间中的分类问题变得简单。我们假设非线性映射函数为 $\varphi(x)$，输入向量为 x_i，高位特征空间为 F，并在 F 上进行线性回归。SVM 在高维特征空间中的回归函数为：

$$f(x) = w \cdot \varphi(x) + b \tag{8-10}$$

式中，w 是权向量，$\varphi(x)$ 是非线性映射函数，b 为偏置向量。

根据结构风险最小化定理，上述的线性回归能够描述成下面的最小线性风险泛函问题：

$$\min J = \frac{1}{2} \parallel w \parallel^2 + C \sum_{i=1}^{n} (\zeta_i + \zeta_i^*)$$

$$s.\,t. \begin{cases} y_i - w \cdot \varphi(x_i) - b \leqslant \varepsilon + \zeta_i \\ w \cdot \varphi(x_i) + b - y_i \leqslant \varepsilon + \zeta_i^* \\ \zeta_i, \zeta_i^* \geqslant 0, i = 1, 2, \ldots, n \end{cases} \tag{8-11}$$

其中，$\parallel w \parallel^2$ 表示模型的复杂度，数值越大，置信风险越高。ε 是不敏感损失系数，ζ_i, ζ_i^* 表示松弛变量，C 表示惩罚变量，n 是样本容量。上述公式是一个约束优化问题，能够运用拉格朗日函数法进行求解。进一步，能够求出其回归函数 $f(x)$：

$$f(x) = \sum_{i=1}^{n} (a_i - a_i^*) K(x_i, x_j) + b \tag{8-12}$$

式中，a 和 a^* 代表拉格朗日乘子，$K(x_i, x_j)$ 是高维空间里内积运算的核函数，表示为 $K(x_i, x_j) = \varphi(x_i)\varphi(x_j)$。和其他核函数相比，径向基核函数的参数较少，性能更好，所以本章的 SVM 的核函数采用径向基核函数，核函数描述如下：

$$K(x_i, x_j) = \exp\left(-\frac{\parallel x_i - x_j \parallel^2}{2\delta^2} \right) \tag{8-13}$$

在上式，δ 表示核函数的宽度参数。

支持向量机以结构风险最小化为原则，即使在输入数据不单调、不可线性分离的情况下，也能产生准确、鲁棒的分类结果。通过正确设置 C - 正则化参数的值，SVM 可以很容易地抑制异常值，因此 SVM 对噪声具有鲁棒性。SVM 的算法步骤如图 8 - 5 所示：

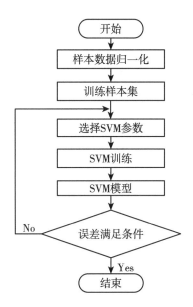

图 8 - 5 支持向量机工作流程

8.4 基于改进果蝇优化算法的混合模型

8.4.1 果蝇优化算法的改进

（1）基于自适应步长的果蝇优化算法。传统的 FOA 包含四个相互关联的阶段，包括初始化、嗅觉搜索、食物来源评估和视觉觅食。在初始化时，需要设置种群的大小、评定标准和位置。在嗅觉搜索过程中，果蝇群体中的一个个体闻到食物来源并朝那个位置飞去。在食物源评估过程中，对每个食物源的气味浓度值进行判定。

在传统的 FOA 中，果蝇运动的步长预设成一个定值。在一定数量的果蝇群体中，果蝇的步长越大，每一个个体的搜索空间越大，整个算法的全局搜索能力越强，相反局部搜索能力会下降；否则，如果步长太小，个体往往陷入局部最优点。可以看出，步长的选择能够较大程度地影响算法的效率。因此，在应用 FOA 解决现实问题的时候，选取一个合适的步长是十分有必要的，使其具有较强的全局搜索能力，又能避免陷入局部最优，从而可以提高搜索精度。

随着迭代次数的增加，果蝇群越来越接近食物。然而，当迭代步骤固定时，很难在过程的最后几个迭代中找到食物的位置，因为某些果蝇可能远离食物。因此，本章提出的一种改进方法是将固定步变为自适应步长，提出基于多变量自适应步长的果蝇优化算法（Multivariate Adaptive Step Fruit Fly Optimization Algorithm，MAFOA），并设步长值为：

$$L_i = L_o - \frac{L_o(g-1)}{\text{max}gen} \tag{8-14}$$

其中，L_o 为初始步长值；$\text{max}gen$ 为最大迭代次数；g 为当前迭代次数。

第一次迭代时，$L = L_o$，此时步长为最大值 L_o；此后，每一次迭代次数增加1个时，步长减小 L_o/G_{max}，直到最后一次迭代，步长减至 L_o/G_{max}。

显然，MAFOA 在早期迭代时搜索步长最大，全局优化能力最强。随着寻优迭代的增加，局部搜索能力慢慢变强，这种变化保证了算法在初始阶段找到全局最优解的概率很大，但不陷入局部最优。最后能达到最大的搜索精度，从而达到全局寻优能力和局部优化能力的均衡。

（2）基于混沌理论的果蝇优化算法。FOA 具有参数少、收敛快的优点，但也容易陷入局部最优解中。由于混沌的遍历性和混合特性，算法可以在更高的速度下进行迭代搜索，而不是在普通概率分布下进行标准随机搜索，运用混沌理论的全局寻优能力，使得果蝇个体以较大概率跳出局部最优解，从而继续进行参数优化的过程。另一方面，混沌理论与对初始条件敏感的混沌动力系统的研究有关。FOA 高度依赖于初始条件，初始条件的微小差异将对最终输出产生重大影响。因此，为了减少初始参数对解的影响，提高 FOA 的稳定性，因此本章将混沌理论应用到 FOA 中，提出了混沌果蝇优化算法（Chaos Fruit Fly Optimization Algorithm，CFOA），一维混沌序列是能够产生混沌行为的最简单的系统，以 Logistic 映射为例，它是一个具有一定形式的简洁的非线性方程，此映射不包含任何的随机因素，然而最后产生的混沌系统似乎又是敏感且随机的。

其系统方程为：

$$x(t+1) = \mu \cdot x(t)(1 - x(t)) \tag{8-15}$$

其中，t 为迭代次数，$x(t) \in [0,1]$，μ 为混沌系统控制参数，当 $\mu = 4$ 时，系统处于混沌状态。

应用混沌理论的 FOA 的算法步骤可描述如下：在每次迭代中，对整个果蝇群中的最优个体 X 进行混沌扰动，同时记录混沌序列中的最优个体 X*，接着分别以 X 和 X* 为中心，在其随机搜索方向和搜索距离的范围内产生 1/2 的种群个体，并在目前的迭代过程中寻找最优值，继续混沌运算。将混沌策略应用在 FOA 的迭代过程中，可以不断地在局部位置之外产生混沌个体，跳出局部极值，从而更准确更迅速地找出全局最优点。

（3）基于 Lévy 飞行的果蝇优化算法。果蝇在觅食过程中，果蝇群体中的一个个体闻到食物来源并朝那个位置飞去。在食物源评估过程中，对每个食物源的气味浓度值进行判定。FOA 中每一次迭代过程中，果蝇都是以一个介于 [0，1] 之间的随机值作为步长来进行迭代更新，一定程度上影响了算法的收敛，进而影响精度或导致局部最优。在本章中，通过引入 Lévy 飞行，提出了一种基于 Lévy 飞行的 FOA（Lévy Fruit Fly Optimization Algorithm，LFOA），该算法应用于果蝇位置的更新公式中，促进果蝇跳出局部最优，提高收敛速度和算法性能。

法国数学家 Paul Pierre Lévy 和其学生 Benoit Mandelbrot 提出并描述了 Lévy 飞行。Lévy 飞行属于一类随机游走，也是广义布朗运动。Lévy 飞行可以描述许多自然和人为的事实，如流体动力学、地震分析、荧光分子扩散、冷却行为、噪音等。此外，Lévy 飞行类似于信天翁、大黄蜂和鹿等许多动物的食物搜索路径，被添加到群体智能算法中，以确保改进算法。Lévy 飞行的本质是一种随机游走，这种游走里涉及短途搜索和长途飞行。将 Lévy 飞行应用于群体智能优化算法，不仅可以增加种群的多样性，而且扩大了搜索范围，使得果蝇个体跳出局部极值更加容易。

图 8-6 显示了 Lévy 飞行移动的轨迹。从轨迹可以看到 Lévy 飞行的起点为 [0，0]，角方向服从均匀分布。从轨迹图也能够看到，Lévy 飞行在经过一系列较小的步长后，也可能突然以较大的一步跳到较远的位置。

传统的 FOA 是基于二维空间计算的，每次迭代过后，果蝇的位置更新为：

$$x_i = x_i + sign(rand - 0.5) \cdot Lévy\_x \qquad (8-16)$$

$$y_i = y_i + sign(rand - 0.5) \cdot Lévy\_y \qquad (8-17)$$

其中，x_i 代表第 i 只果蝇在 x 方向上的位移，y_i 代表第 i 只果蝇在 y 方向上的位移，$rand \in [0,1]$，随机步长 Lévy 来自 Lévy 分布：

$$Levy \sim u = t^{-\lambda}, 1 < \lambda \leq 3 \qquad (8-18)$$

基于 Lévy 飞行改进的 FOA 可以详细描述为以下步骤：

步骤 1：初始化果蝇群体的最大迭代次数 Maxgen 和群体大小 Sizepo，定义果

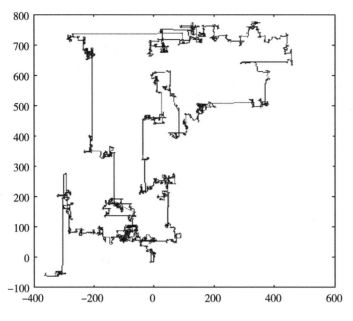

图 8 – 6 Lévy 飞行轨迹示意图

蝇种群的初始位置：

$$(X_{axis}, Y_{axis}) \tag{8–19}$$

步骤 2：果蝇群体在其当前位置附近随机生成新的食物源位置，寻找食物源新位置的随机搜索步长由下式给出：

$$X_i = X_{axis} + Randomvalue \tag{8–20}$$

$$Y_i = Y_{axis} + Randomvalue \tag{8–21}$$

步骤 3：计算食物源到原点的距离（$Dist$），然后计算各个位置的气味浓度判定值（S_i），如下所示：

$$Dist_i = \sqrt{x_i^2 + y_i^2} \tag{8–22}$$

$$S_i = \frac{1}{Dist_i} \tag{8–23}$$

步骤 4：将气味浓度判定值（S_i）代入设定的适应度函数中，得到各果蝇个体的味道浓度（$Smell_i$）。

$$Smell_i = Function(S_i) \tag{8–24}$$

步骤 5：果蝇群体观察通过上述基于嗅觉器官的搜索过程生成的所有位置，并找出气味浓度最小的最佳位置，如下所示：

$$[bestSmell \quad bestIndex] = \min(Smell_i) \tag{8–25}$$

步骤6：记录下已找到的最佳的气味浓度值 bestSmell 和对应的位置，果蝇群体将利用视觉向新位置飞去：

$$Smellbest \ = \ bestSmell \tag{8-26}$$

$$X_{axis} \ = \ X(\,bestIndex\,) \tag{8-27}$$

$$Y_{axis} \ = \ Y(\,bestIndex\,) \tag{8-28}$$

步骤7：重复基于嗅觉和基于视觉的搜索过程，直到满足指定的停止标准（最大迭代次数）。

8.4.2　改进果蝇算法优化的机器学习混合模型

改进果蝇算法优化的 BP 神经网络模型。BP 神经网络应用广泛，但算法本身存在的局限性表现得越来越明显，在某种程度上对模型的适用性产生了影响。许多研究者试图改进经典的 BP 算法，现在越来越多的学者开始研究把 BP 神经网络与群体智能算法相结合，并用于现实问题中。针对 BP 容易陷入局部极小、难以选择初始参数等缺点，本章考虑采用具有全局优化能力的生物智能算法 FOA 对 BP 神经网络进行优化。在优化其非线性映射能力的同时，提高网络的收敛速度和全局优化能力。

目前，常见的群体智能算法有很多，比如遗传算法、FOA 等，与其他改进方法相比，利用群体智能算法对神经网络进行优化具有更大的优势，有助于模型达到更理想的预测效果。采用遗传算法优化 BP 神经网络，虽然它可以解决 BP 神经网络容易陷入局部极值的问题，但是由于其自身计算的复杂性与过多的参数，导致此种解决办法的可操作性不强。相反，FOA 属于比较容易操作的算法，并且全局优化能力强，对 BP 神经网络的优化具有明显的优势。因此，本章选择改进的 FOA 优化经典 BP 神经网络。

虽然 BP 神经网络在训练过程中可以利用误差反向传播算法来更新权值和偏差，但初始的权值和阈值对 BP 模型的性能仍有显著影响。因此，在分配初始权值和阈值时，应进行必要的优化。通常情况下，权值和阈值的总量很大，特别是对于复杂的模型。因此，很难找到一个良好的初始组合。由于 FOA 具有很好的优化能力，因此本章采用 FOA 来寻找 BP 模型的最优权值和阈值组合。具体过程包括以下主要部分：①确定 BP 模型的结构和详细参数。隐层神经元数目是 BP 神经网络的一个重要参数，但还没有明确的规则来确定它，对于不同的预测问题，最合适的 BP 神经网络可能有不同数量的隐层神经元。因此，应进行充分的实验，找出适合的隐层神经元数目。②利用 FOA 寻找权值和阈值的最佳组合。首先，根据权值和阈值的总数确定果蝇数目，果蝇个体代表一个参数组合。其次，生成果蝇群体的初始位置，然后个体搜索最优参数组合，定义适应度函数，计算个体的适应度值。最后，完成迭代过程，找出最佳个体和相应的参数组合。③使用最佳参数组合进行神经网络初始化。然后，对 BP 神经网络进行训练并记录结果。

本章使用 FOA 优化 BP 神经网络的详细描述如下：

（1）确定 BP 神经网络输入层神经元、隐含层神经元以及输出层神经元的个数，计算此神经网络权值和阈值的实际数目。

（2）此时，BP 神经网络的权值和阈值作为果蝇个体，定义种群的初始位置：

$$\begin{cases} X_i = X_{axis} \\ Y_i = Y_{axis} \end{cases} \tag{8-29}$$

（3）果蝇群体在其当前位置附近随机生成新的食物源位置，寻找食物源新位置的随机搜索步长由下式给出：

$$\begin{cases} X_i = X_{axis} + Randomvalue \\ Y_i = Y_{axis} + Randomvalue \end{cases} \tag{8-30}$$

（4）计算食物源到原点的距离（$Dist$），然后计算各个位置的气味浓度判定值（S_i），如下所示：

$$\begin{cases} D_i = \sqrt{X_i^2 + Y_i^2} \\ S_i = \dfrac{1}{D_i} \end{cases} \tag{8-31}$$

（5）将气味浓度判定值（S_i）代入设定的适应度函数（此时的适应度函数设为 BP 神经网络的损失函数）中，得到各果蝇个体的味道浓度（$Smell_i$）：

$$T_i = F(S_i) \tag{8-32}$$

（6）果蝇群体观察通过上述基于嗅觉器官的搜索过程生成的所有位置，并找出气味浓度最小的最佳位置，如下所示：

$$[bestSmell \quad bestIndex] = \min(T_i) \tag{8-33}$$

（7）记录下已找到的最佳的气味浓度值 $bestSmell$ 和对应的位置，果蝇群体将利用视觉向新位置飞去：

$$Smellbest \; = \; bestSmell \tag{8 - 34}$$

$$\begin{cases} X \; = \; X(\,bestIndex\,) \\ Y \; = \; Y(\,bestIndex\,) \end{cases} \tag{8 - 35}$$

（8）重复基于嗅觉和基于视觉的搜索过程，直到满足指定的停止标准（最大迭代次数）。

（9）把 FOA 优化所得的最佳的权值阈值组合代入 BP 神经网络进行训练。

8.4.3　改进果蝇算法优化的支持向量机模型

核函数是连接低维空间和高维空间的桥梁。因此，核函数对于 SVM 起着十分重要的作用。不同的机器学习模型可以用不同的核函数来构造，但对于目前的具体问题，没有统一的标准来选取恰当的核函数。在一些研究得较多的核函数中，径向基核函数的形式较为简单，能较好处理输入向量和输出向量之间的非线性关系，由于其良好的特性而得到了广泛的应用。因此，本章利用径向基核函数构造 SVM 模型。

SVM 即使在输入数据不单调、不可线性分离的情况下，也能产生准确、鲁棒的分类结果。通过正确设置正则化参数的值，可以很容易地抑制异常值，因此 SVM 对噪声具有鲁棒性。然而，选择合适的内核函数和超参数是启发式的，并且依赖于尝试和错误过程，这是一种耗时的方法。

采用 SVM 处理回归分析问题，不仅要选取高斯函数，还要确定高斯径向基核函数的惩罚因子 C 和宽度参数 δ，这直接影响到模型的最终性能。C 参数表示超出 ε 的样本的惩罚程度。如果 C 参数的值很小，即惩罚力度很小，则相应的训练误差会增大。反之，若 C 参数的值很大，虽然训练误差降低了，推广不能达标。δ 参数受输入空间范围的限制，其范围越小，δ 值越小。但是若 δ 值太小，会导致支持向量的相关性不强，导致分类问题难度增大，增加了学习机的复杂度。反之，如果 δ 值太大，虽然支持向量高度相关，但同时也会使模型的精度有所降低。

然而，到目前为止还没有出现十分完美的选择参数的方法。本章应用 FOA 对惩罚因子 C 和宽度参数 δ 进行优化，解决了 SVM 的参数设置问题。本章运用 FOA 来优化 SVM 的惩罚因子 C 和宽度参数 δ，我们最后得到的参数 $[\,C,\,\delta\,]$ 就是味道浓度最大的果蝇的位置，其步骤可详细描述为：

步骤 1：初始化，定义果蝇种群的初始位置 (X_{axis}, Y_{axis})，果蝇群体的最大迭代次数 $Maxgen$ 和群体大小 $Sizepo$。

步骤 2：果蝇群体在其当前位置附近随机生成新的食物源位置，我们需要同时优化惩罚因子 C 和宽度系数 δ 共两个参数，因此定义了两个 i 行 2 列的矩阵变量 $x(i,:), y(i,:)$，寻找食物源新位置的随机搜索步长由下式给出：

$$\begin{cases} x(i,:) = X_{axis} + 10 \cdot rand() - 5 \\ y(i,:) = Y_{axis} + 10 \cdot rand() - 5 \end{cases} \quad (8-36)$$

计算果蝇群体与原点的距离：

$$\begin{cases} D(i,1) = \sqrt{X(i,1)^2 + Y(i,1)^2} \\ D(i,2) = \sqrt{X(i,2)^2 + Y(i,2)^2} \end{cases} \quad (8-37)$$

计算味道浓度判定值 $S(i,:)$，调整 SVM 参数，令变量 $[S(i,1), S(i,2)]$ 表示参数 $[C, \delta]$：

$$\begin{cases} S(i,2) = \dfrac{1}{D(i,2)} \\ C = 20 \cdot S(i,1) \\ \delta = S(i,2) \end{cases} \quad (8-38)$$

步骤 3：选取均方根误差函数作为 FOA 的浓度判定函数 $F(i)$：

$$F(i) = RMSE \quad (8-39)$$

步骤 4：计算每一个果蝇个体的味道浓度判定值，并保留迭代过程中产生的最大值的位置，群体全部往该位置飞去，直到满足指定的停止标准（最大迭代次数）每一次最优位置可以表示为：

$$(X(i,:), Y(i,:)) = Min(F_1, F_2, ..., F_N) \quad (8-40)$$

8.5 基于混合模型的碳价预测

根据第三章构建的改进果蝇算法优化的机器学习模型，本章首先讨论了影响因素的选取，考虑到所选取的影响因素之间存在多重共线行，因此运用 Lasso 变量选择方法进行特征选择；然后用第二章构建的混合算法对选择好的样本进行预测，并进行对比分析。

8.5.1　碳价影响因素的特征选择

近年来，全球碳市场正在迅速地发展，但是由于金融、政治、经济环境、政策执行、能源开发和气候变化等因素，碳价格出现了剧烈变动。自欧盟碳排放权交易市场建立以来，越来越多的学者开始探究影响碳价的因素，为了尽可能多地将可能影响碳价的因素考虑到实证模型中，本章考虑了同类替代产品、电力价格、能源价格以及宏观经济活动一共四个维度 19 个指标对碳价的影响。

（1）同类替代产品。欧盟排放交易机制的最终购买者是承担减排要求的企业。他们可以参与的交易机制主要包括碳交易机制和清洁能源发展机制。相应的 CO_2 减排单位是 EUA 市场和 CER 市场的商品，因此 EUA 市场和 CER 市场的商品是可以相互替代的。碳期货交易产品主要分为配额市场的碳配额和项目市场的碳认证和减排。碳排放认证主要包括核证减排量（CER）和减排量单位（ERU）。从交易形式的角度来看，EUA 由交易所结算，分为两种类型：场内交易和场外交易。从产品形式的角度来看，EUA 主要包括碳期货和期权合约，CER 主要是远期合约。碳金融衍生品的多元化投资组合增加了碳交易市场的活动，满足了不同参与者的需求。EUA 和 CER 有一定的相互替代作用，在市场上，减排任务的参与者希望以相对较低的成本去购买排放配额，然后考虑 EUA 市场和 CER 市场之间的均衡。

本章将 EUA 期货结算价格和 CER 期货结算价格这两个指标互为彼此的同类替代产品，同时将 EUA 期货和 CER 期货的成交量也作为影响碳价波动的影响因素。

（2）电力价格因素。电力企业是碳市场上最重主要的参与者，电力的交易碳市场的配额流通具有重要的影响（Oberndorfer，2008）。Zachmann et al. 的研究介绍，从 2008—2012 年，每吨二氧化碳价格变化 1 欧元将导致每千瓦电力平均价格上涨 0.74 欧元。可以看出，电价对碳价格的影响不容忽视。理论上，电价上涨将导致发电公司增加发电量和排放量，从而增加对配额的需求，从而提高碳价格。相反，电价下降导致发电量减少，从而导致碳排放量减少，减少碳排放限额的需求，致使碳价格降低。

本章采用 MSCI 欧盟电力指数和 MSCI 欧洲电力指数这两个指标作为衡量电

力价格影响因素的指标。

（3）一次能源价格因素。从市场的角度看，碳价格的变化主要受配额的影响，而配额的供给又受煤炭、石油、天然气等一次能源价格变化的影响。Bunn 和 Fezzi 分析了英国现货市场中电力、天然气和碳价格之间的相互关系，并利用结构协整的 VaR 模型，展示了碳和天然气的价格如何共同影响电力平衡价格。煤炭价格的涨跌，会影响电力公司对化石能源和清洁能源的使用情况，从而影响对碳配额的需求程度。因此，一次能源价格对碳价格的影响是显著的。

一次能源价格：本章选择煤炭、石油、天然气作为一次能源指标，指标分别为：①煤炭：世界煤炭的种类很多，本章选择了比较著名的国际动力煤基准价格——理查德 RB 动力煤现货价、鹿特丹煤炭期货结算价格、欧洲 ARA 港动力煤现货价格以及纽卡斯尔 NEWC 动力煤现货价这四个种类作为影响因素；②Brent 原油中东、非洲和欧洲等地流通量十分大的原有种类，在原有种类中占据着重要的意义。本章选取 Brent 原油、WTI 原油现货价格和 IPE 轻质原油价格作为影响碳价的主要因素；③由于天然气多以长期合同的形式存在，所以本章选取具有流动性的美国纽约商品交易所天然气结算价格和纽约天然气现货价格代表天然气指标作为影响因素。

（4）宏观经济活动。理论上，宏观经济发展对碳价格的波动有直接影响。一般来说，当经济更加繁荣时，企业的生产将增加，碳排放将增加，碳排放限额的需求将增加，最终导致碳价格上涨；当经济发展低迷时，企业的生产会减少，碳排放也会减少，对碳排放限额的需求将下降，从而致使碳价格下降。

本章选取了斯托克公司（STOXX）编制的由欧洲 18 国大中小型企业固定600 支股票所组成 STOXX 600 指数的走势来代表欧洲经济的发展状况；一直以来，工业部门能耗较大，因此对碳排放权的需求较高，因此本章选取 MSCI 欧洲工业指数作为衡量欧洲工业发展的指标；另外，欧盟所有行业整体的经济状况也是一个重要的指标需要纳入分析，因此本章用富时欧洲 300 指数代表欧盟的经济发展状况。此外，选取法兰克福 DAX 指数衡量美国的经济发展状况。

影响碳价的因素很多，包括世界碳排放总量、温度、空气质量等我们尚未考虑的因素，但由于部分数据的不可获得性，本章主要选取以上分析所得指标进行变量选择。本章模型所用的指标选取及数据来源见表 8 - 1。

表 8 - 1　　　　　　　　　　　　　指标选取及数据来源

	指标	符号	单位	数据来源
同类替代	EUA 结算价	EUA	欧元/tCO$_2$	洲际交易所
	CER 结算价	CER	欧元/吨	洲际交易所
	EUA 成交量	VOL1	tCO$_2$	洲际交易所
	CER 成交量	VOL2	吨	洲际交易所
电力价格	MSCI 欧盟电力指数	POW1	—	Wind 数据库
	MSCI 欧洲电力指数	POW2	—	Wind 数据库
一次能源	鹿特丹煤炭收盘价	ROT	美元/吨	ICE
	理查德 RB 动力煤现货价	RB	美元/吨	ICE
	欧洲 ARA 港动力煤现货价	ARA	美元/吨	ICE
	纽卡斯尔 NEWC 动力煤现货价	NEWC	美元/吨	ICE
	Brent 原油收盘价	Brent	美元/桶	ICE
	WTI 原油现货价	WTI	美元/桶	ICE
	IPE 轻质原油结算价	IPE	美元/桶	ICE
	NYMEX 天然气收盘价	NYMEX	英镑/热单位	ICE
	纽约天然气现货价	YORK	英镑/热单位	ICE
宏观经济	法兰克福 DAX 指数	DAX	—	Wind 数据库
	泛欧斯托克 600 指数	STOXX	—	STOXX
	MSCI 欧洲工业指数	IND	—	Wind 数据库
	富时欧洲 300 指数	FTSE	—	Wind 数据库

8.5.2　数据预处理

目前 EU ETS 下的国际碳金融市场总额占全球碳排放交易的80%以上，可以说是全球最大的碳排放配额交易市场，其中，美国洲际交易所（ICE）的交易量占欧洲期货交易量的90%以上，并且 ICE 的发展时间久，期货种类多。考虑到样本选取的容量以及代表性，本章选取 ICE 期货市场的主要碳排放合约期货——欧盟碳排放配额（European Union Allowance，EUA）期货和核证减排量（Certification Emission Reduction，CER）期货的日交易结算价作为本章的考察样本。

欧盟排放交易机制旨在与 1990 年相比，到 2012 年将温室气体排放量减少 8%。这一目标将通过两个阶段实现：第一阶段是 2005—2007 年。在此期间配额是免费的，欧盟 27 个成员国已向 12000 个排放配额分配了 22 亿吨排放配额。欧盟排放交易机制规定，低于配额的实际排放量可以出售给市场。相反，如果实际排放量高于配给配额，他们应该购买排放权并缴纳每吨 40 美元的二氧化碳税。第二阶段是从 2008—2012 年。在此期间，与前一阶段相比，配额有所减少，未能达到减排目标的罚款为每吨 100 美元，无法抵消。随后，欧盟在总结前两阶段实践经验的基础上，制定了第三阶段目标。第三阶段是 2013—2020 年。现阶段，减排范围大幅度扩大，包括扩大排放上限、扩大产业规模和扩大分配水平。一是扩大排放上限。由于减排成本的差异，欧盟排放交易机制涵盖的行业到 2020 年将比 2005 年减少 21 的排放量。到 2020 年，其他未涵盖的行业将从 2005 年的水平减少 10%。二是产业扩张。除发电、炼油、炼焦、钢铁、水泥、玻璃、石灰、制砖、陶瓷、制浆、造纸等十大行业外，还扩展到石化、氨、铝等行业。自 2013 年以来，免费配额已被拍卖取代，到 2020 年将全部拍卖。方案安排的第三阶段大大提高了机制的公平性、透明度和有效性，提高了实现气候政策目标的可能性，有效促进了低碳技术创新。图 8-7 和图 8-8 分别为这三个阶段中 EUA 期货和 CER 期货的交易结算价格曲线，单位是欧元/吨二氧化碳当量。

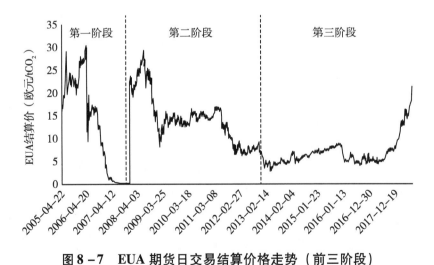

图 8-7 EUA 期货日交易结算价格走势（前三阶段）

本章主要对第三阶段的国际碳金融市场进行分析和预测。考虑样本的可获得性和连续性，两种期货日交易结算价格选取的时间区间是 2013 年 1 月 11 日至

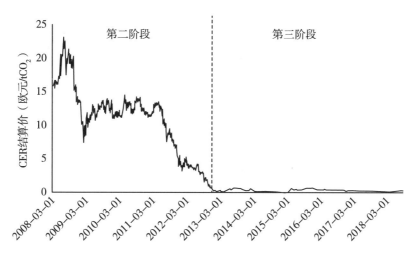

图 8 – 8　CER 期货日交易结算价格走势（前三阶段）

2018 年 8 月 30 日，共计 934 个样本数据。图 8 – 9 和图 8 – 10 分别为 EUA 期货和 CER 期货的交易结算价格曲线，单位是欧元/吨二氧化碳当量。

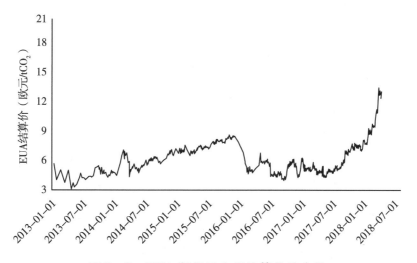

图 8 – 9　EUA 期货日交易结算价格走势

　　由于洲际交易网，Wind 数据库，STOXX 官网等网站收集到的数据格式不一样，有些网站的数据存在缺失或异常的情况。在建立碳价预测模型前，首先对所有样本数据进行规范化数据，接着进行调整与清除，主要是删除缺失数据、乱码数据和异常数据等。

　　此外，虽然收集到的每个指标起止时间相同，但部分数据只在交易日进行交易，受国外公共节假日的影响，每个指标的样本容量也并不相同。因此，本

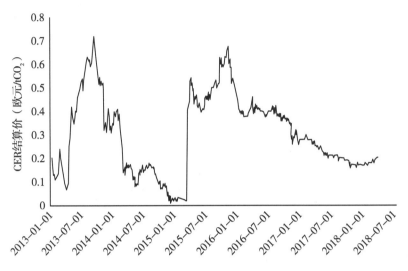

图 8 – 10　CER 期货日交易结算价格走势

章将选择所有指标的公共样本时间段作为研究区间。经过预处理后的样本数据样本为从 2013 年 1 月 11 日至 2018 年 8 月 30 日的日频数据，共计 934 条数据。同时，为了验证模型的有效性，我们将样本划分成两个子集：训练集（从 2013 年 1 月 11 日的数据到 2018 年 3 月 28 日的数据，共 834 条数据）和测试集（从 2018 年 3 月 29 日的数据到 2018 年 8 月 30 日的数据，共 100 条数据）。我们将训练集用于训练机器学习模型，将测试集用于检测构建的预测模型的有效性。样本划分见表 8 – 2。

表 8 – 2　　　　　　　　　　碳市场价格样本

碳市场价格	样本子集	样本个数	起止时间
	总样本	934	2013. 1. 11 – 2018. 8. 30
EUA	训练集	834	2013. 1. 11 – 2018. 3. 28
	测试集	100	2018. 3. 29 – 2018. 8. 30
	总样本	934	2013. 1. 11 – 2018. 8. 30
CER	训练集	834	2013. 1. 11 – 2018. 3. 28
	测试集	100	2018. 3. 29 – 2018. 8. 30

为了尽可能全面地考虑到影响碳价的因素，本章考虑了同类替代产品、电力价格、能源价格以及宏观经济活动共四个维度 19 个指标，但是这些变量并不

是全部对碳价有显著影响，为了避免出现多重共线性等问题，本章选择了 Lasso 对所选择的 19 个变量进行筛选和参数估计，表 8 - 3 给出了 Lasso 变量选择方法的参数估计值。

表 8 - 3　　　　　　　　　　　参数估计值

变量	估计值（EUA）	变量	估计值（CER）
CER	2.574022703	EUA	2.237951665
VOL1	0	VOL1	0
VOL2	0	VOL2	0
POW1	0	POW1	0
POW2	0.066883806	POW2	0.075151417
ROT	0	ROT	0
RB	0	RB	0
ARA	0	ARA	0
NEWC	0.072622093	NEWC	0.070800194
Brent	0.021994449	Brent	0.004368010
WTI	0	WTI	0
IPE	0	IPE	0
NYMEX	-1.297104591	NYMEX	-1.003797942
YORK	0	YORK	0
DAX	0	DAX	0
STOXX	0.002476076	STOXX	0.0760008956
IND	0	IND	0
FTSE	0	FTSE	0

该方法的变量选择和参数估计结果显示：CER 结算价（CER）、MSCI 欧洲电力指数（POW2）、纽卡斯尔 NEWC 动力煤现货价（NEWC）、Brent 原油收盘价（Brent）和泛欧斯托克 600 指数（STOXX）对碳价有正向的影响，而 NY-MEX 天然气收盘价（NYMEX）对碳价有着负向的影响；影响不显著使得系数被压缩为 0 的变量有 EUA 成交量（VOL1）、CER 成交量（VOL2）、MSCI 欧盟电力指数（POW1）、鹿特丹煤炭收盘价（ROT）、理查德 RB 动力煤现货价（RB）、欧洲 ARA 港动力煤现货价（ARA）、WTI 原油现货价（WTI）、IPE 轻质

原油结算价（IPE）、纽约天然气现货价（YORK）、法兰克福 DAX 指数（DAX）、MSCI 欧洲工业指数（IND）以及富时欧洲 300 指数（FTSE）。

因此，本章最后选取 EUA 结算价（EUA）、CER 结算价（CER）、MSCI 欧洲电力指数（POW2）、纽卡斯尔 NEWC 动力煤现货价（NEWC）、Brent 原油收盘价（Brent）、NYMEX 天然气收盘价（NYMEX）和泛欧斯托克 600 指数（STOXX）这 7 个碳价的影响因素作为机器学习模型的输入指标。

8.5.3　碳价预测模型结果分析

通过对影响碳价格因素进行的分析，不难发现影响碳价格的因素是复杂的，具有非线性特征。然而，一些学者在研究期货市场的有效性时大多使用一些简单的非线性模型，导致结果受影响。因此，简单的非线性模型可能无法准确地描述碳价格的涨跌特征，本章考虑引入机器学习模型来更准确地拟合碳价格。

（1）模型性能评估准则。为了对碳市场价格预测模型的预测能力进行评估，本次实验主要从水平预测精度和方向预测精度两个方面对模型进行评估。水平预测精度选取标准均方根误差（NRMSE）和平均绝对百分比误差（MAPE）作为模型的评价准则，两个指标的计算公式如下：

$$NRMSE = \frac{100}{\bar{y}} \sqrt{\frac{1}{N} \sum_{t=1}^{N} (y_t - \hat{y}_t)^2} \qquad (8-41)$$

$$MAPE = \frac{1}{N} \sum_{t=1}^{N} \left| \frac{y_t - \hat{y}_t}{y_t} \right| \qquad (8-42)$$

其中，N 是测试集观测点的个数，$\bar{y}$ 是实际序列的均值，y_t 和 $\hat{y}_t$ 分别表示 t 时刻的期货实际值和预测值。Lewis 认为模型的 NRMSE 越低，模型的拟合性能更好。

方向预测精度用方向统计量 D_{stat} 来评估，其计算公式为：

$$D_{stat} = \frac{1}{N} \sum_{t=1}^{N} a_t \times 100\% \qquad (8-43)$$

上式中，如果 $(\hat{y}_{t+1} - y_t) \times (y_{t+1} - y_t) \geq 0$，则 $a_t = 1$；否则 $a_t = 0$。

除了用水平预测精度和方向预测精度评判模型的拟合精度，本章利用 Diebold – Mariano（DM）统计量来评估本章构造的组合模型和对照模型的预测能力是否统计上面具有显著性。我们把 NRMSE 当作 DM 统计量的损失函数，原假设是：基准模型 B 的 NRMSE 值小于测试模型 T 的 NRMSE。DM 详细的定义如下等式：

$$S_{DM} = \frac{\bar{d}}{\sqrt{\hat{f}_{\bar{d}}/T}} \tag{8-44}$$

$$\bar{d} = \frac{\sum\limits_{t=1}^{T} d_t}{T} \tag{8-45}$$

其中，$d_t = (y_t - \hat{y}_{T,t})^2 - (y_t - \hat{y}_{B,t})^2$，$\hat{f}_{\bar{d}} = \gamma_0 + 2\sum\limits_{l=1}^{\infty} \gamma_l (\gamma_l = \text{cov}(d_t, d_{t-1}))$，$\hat{y}_{T,t}$ 和 $\hat{y}_{B,t}$ 分别表示在 t 时刻测试模型和对比模型的预测值。本章用单边检验来检测 S_{DM} 统计量。如果 S_{DM} 值所对应的 p 值小于显著性水平（0.01 或者 0.05）时就拒绝原假设；否则，就不接受原假设。

（2）BP 神经网络预测模型的对比分析。利用 Lasso 变量选择方法，降低模型输入变量的维数，得到 7 个影响因素。以原始时间序列的 7 个影响因素和序列作为神经网络的输入变量，确定神经网络模型的输入层神经元的个数为 8个；模型输出为一维碳金融市场价格，模型输出层神经元数确定为 1 个；而中间隐层神经元数较为复杂，没有统一有效的选择方法，只有通过经验公式的方法结合探索的方式确定隐藏层节点的最佳数目。实验表明，当隐层节点数为 10 时，网络的收敛效率较高。因此，模型中隐藏层神经元的数量确定为 10 个。

同时，设置好 BP 神经网络模型的各个初始参数，如最大训练次数为 180次，学习效率 $\eta = 0.1$，误差精度 $\varepsilon = 0.05$，输入层到隐含层的激活函数为 *tansig*，隐含层到输出层的激活函数为 *logsig*，训练函数 *trainFcn* 的默认值为 *trainlm*，而网络的初始权值和阈值则为上一节果蝇优化算法优化得到的权值和阈值。

采用构建好的混合模型对 2018 年 3 月 29 日至 2018 年 8 月 30 日共 100 天数据进行预测。为了对本章提出的改进的果蝇优化算法的优化性能进行检验，本章将构建的 CFOA – BP、LFOA – BP 和 MAFOA – BP 与传统的 BP 神经网络和 FOA – BP 模型相比较。模型的预测性能通过 NRMSE、MAPE 和 D_{stst} 进行评估，详细的结果可见表 8 – 4 和表 8 – 5。

表 8 – 4　　　　**BP 神经网络模型结果的对比分析（EUA）**

模型	EUA		
	NRMSE	MAPE	D_{stat}
BP	3.7386	0.0492	0.68
FOA – BP	3.1893	0.0321	0.71
CFOA – BP	2.2962	0.0296	0.82
LFOA – BP	2.6235	0.0205	0.83
MAFOA – BP	2.5670	0.0218	0.79

表 8 – 5　　　　**BP 神经网络模型结果的对比分析（CER）**

模型	CER		
	NRMSE	MAPE	D_{stat}
BP	2.5958	0.0287	0.69
FOA – BP	2.0205	0.0258	0.73
CFOA – BP	1.4201	0.0116	0.83
LFOA – BP	1.6514	0.0154	0.85
MAFOA – BP	1.4519	0.0142	0.81

由表 8 – 4 和表 8 – 5 可以看出，CFOA – BP、LFOA – BP 以及 MAFOA – BP 模型的拟合效果较好，拥有最小的 NRMSE、MAPE 以及 D_{stat}，其次是 FOA – BP，而传统 BP 神经网络对 EUA 期货的拟合效果是最差的，说明果蝇优化算法可以减弱传统 BP 神经网络初始权值阈值设定的随机性；另一方面，CFOA – BP、LFOA – BP 以及 MAFOA – BP 模型的误差结果分别小于 FOA – BP 对应的误差结果，说明对果蝇优化算法进行自适应步长处理、混沌处理以及 Lévy 飞行对原始果蝇优化算法的局部寻优特性进行了一定程度的改进。此外，CFOA – BP、LFOA – BP 以及 MAFOA – BP 模型之间的差别较小，但略有差别，具体来看，进行混沌处理后的果蝇优化算法优化效果最好，其次是进行自适应步长处理，最后是基于 Lévy 飞行的改进。由表 8 – 5 可以看出 CER 期货的预测效果能得到相同的结论。图 8 – 11、图 8 – 12 和图 8 – 13 可以更直观地对比这 5 种模型的预测效果。

虽然 NRMSE 和 MAPE 可以作为模型预测能力的评价标准，但是无法验证比

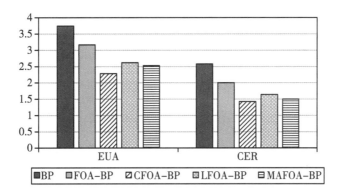

图 8 - 11 BP 神经网络的 NRMSE 比较效果

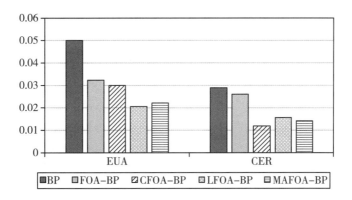

图 8 - 12 BP 神经网络的 MAPE 比较效果

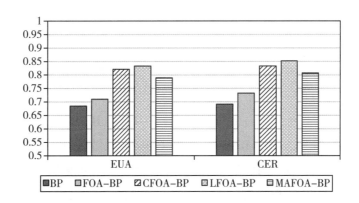

图 8 - 13 BP 神经网络的 D_{stat} 比较效果

较结果是否具有统计显著性。为了统计比较不同模型预测精度的差异，本章进行了 DM 统计检验，结果如表 8 - 6 和表 8 - 7 所示。

表 8 – 6 BP 神经网络模型的 DM 检验（EUA）

检测模型	基准模型（EUA）			
	LFOA – BP	CFOA – BP	FOA – BP	BP
MAFOA – BP	4. 9502 （0. 0000）	2. 8360 （0. 0048）	– 3. 4426 （0. 0000）	– 2. 6555 （0. 0000）
LFOA – BP		0. 5811 （0. 7165）	– 1. 5424 （0. 0186）	1. 5255 （0. 0072）
CFOA – BP			– 2. 6555 （0. 0070）	– 1. 8795 （0. 0052）
FOA – BP				– 2. 0235 （0. 0036）

表 8 – 7 BP 神经网络模型的 DM 检验（CER）

检测模型	基准模型（CER）			
	LFOA – BP	CFOA – BP	FOA – BP	BP
MAFOA – BP	2. 0550 （0. 0259）	3. 5335 （0. 0000）	3. 2680 （0. 0000）	2. 0005 （0. 0000）
LFOA – BP		2. 6893 （0. 0066）	3. 0869 （0. 0226）	2. 5744 （0. 0052）
CFOA – BP			2. 3309 （0. 0146）	2. 5555 （0. 0031）
FOA – BP				2. 0435 （0. 0028）

由表 8 – 6 和表 8 – 7 得知，提出的 CFOA – BP、LFOA – BP 以及 MAFOA – BP 模型被当成检验目标时，与基准模型 FOA – BP 和 BP 神经网络相比，对应的 p 值最大的为 0. 0259，小于 0. 003，因此在 97% 的置信水平下，CFOA – BP、LFOA – BP 以及 MAFOA – BP 预测性能优于其他基准预测模型。

（3）支持向量机预测模型的对比分析。同样，EUA 结算价（EUA）、CER 结算价（CER）、MSCI 欧洲电力指数（POW2）、纽卡斯尔 NEWC 动力煤现货价（NEWC）、Brent 原油收盘价（Brent）、NYMEX 天然气收盘价（NYMEX）和泛欧斯托克 600 指数（STOXX）这 7 个碳价的影响因素和原始时间序列的滞后一阶的序列同时作为 SVM 的输入向量。首先对 FOA 的基本参数进行初始化，设定最大迭代次数是 60，果蝇的个数是 30。用改进后的 FOA 对 SVM 的参数进行优化时，得到的最优值为：核宽度系数 δ^2 = 12.8542，惩罚因子 C = 4.5453。

采用构建好的混合模型对 2018 年 3 月 29 日至 2018 年 8 月 30 日共 100 天数据进行预测。为了对本章提出的改进的果蝇优化算法的优化性能进行检验，本章将构建的 CFOA – BP、LFOA – BP 和 MAFOA – BP 与传统的 BP 神经网络和 FOA – BP 模型相比较。把三个参数代入模型进行预测，模型的预测性能通过 NRMSE、MAPE 和 D_{stst} 进行评估，详细的结果可见表 8 – 8、表 8 – 9。

表 8 – 8　　　　　SVM 模型结果的对比分析（EUA）

模型	EUA		
	NRMSE	MAPE	D_{stat}
SVM	3.9118	0.0433	0.71
FOA – SVM	2.9448	0.0311	0.77
CFOA – SVM	2.6580	0.0261	0.82
LFOA – SVM	2.2152	0.0230	0.83
MAFOA – SVM	1.8499	0.0209	0.87

表 8 – 9　　　　　SVM 模型结果的对比分析（CER）

模型	CER		
	NRMSE	MAPE	D_{stat}
SVM	3.0465	0.0296	0.75
FOA – SVM	2.4833	0.0261	0.78
CFOA – SVM	1.9899	0.0205	0.81
LFOA – SVM	1.7250	0.0183	0.86
MAFOA – SVM	1.6937	0.0147	0.88

由表 8 – 8 和表 8 – 9 可以看出，CFOA – SVM、LFOA – SVM 以及 MAFOA – SVM 模型的拟合效果较好，拥有最小的 NRMSE、MAPE 以及 D_{stat}，其次是 FOA – SVM，而传统 SVM 对 EUA 期货的拟合效果是最差的，说明果蝇优化算法可以减弱传统 SVM 惩罚因子和宽度参数设置的随机性；另一方面，CFOA – SVM、LFOA – SVM 以及 MAFOA – SVM 模型的误差结果分别小于 FOA – SVM 对应的误差结果，说明对果蝇优化算法进行自适应步长处理、混沌处理以及 Lévy 飞行对原始果蝇优化算法的局部寻优特性进行了一定程度的改进。此外，CFOA – SVM、

LFOA – SVM 以及 MAFOA – SVM 模型之间的差别较小，但略有差别，具体来看，进行自适应步长处理后的果蝇优化算法优化效果最好，其次是进行混沌处理，最后是基于 Lévy 飞行的改进。由表 8 – 9 可以看出 CER 期货的预测效果能得到相同的结论。图 8 – 14、图 8 – 15 和图 8 – 16 可以更直观地对比这 5 种模型的预测效果。

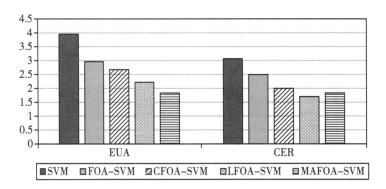

图 8 – 14　支持向量机的 NRMSE 比较效果

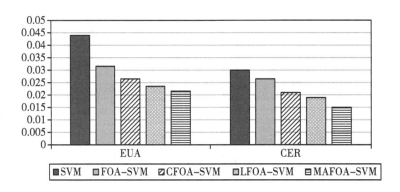

图 8 – 15　支持向量机的 MAPE 比较效果

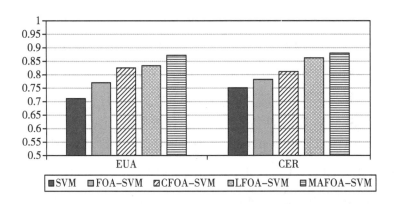

图 8 – 16　支持向量机的 D_{stat} 比较效果

虽然 NRMSE 和 MAPE 可以作为模型预测能力的评价标准，但是无法验证比较结果是否具有统计显著性。为了统计比较不同模型预测精度的差异，本章进行了 DM 统计检验，结果如表 8 – 10、表 8 – 11 所示。

表 8 – 10　　　　　　SVM 模型的 DM 检验 （EUA）

检测模型	基准模型 （EUA）			
	LFOA – SVM	CFOA – SVM	FOA – SVM	SVM
MAFOA – SVM	3. 8702 (0. 0000)	1. 7660 (0. 0528)	3. 2261 (0. 0000)	– 1. 8235 (0. 0000)
LFOA – SVM		0. 5228 (0. 7775)	1. 3433 (0. 0287)	– 2. 6005 (0. 0053)
CFOA – SVM			2. 0334 (0. 0057)	– 1. 3255 (0. 0000)
FOA – SVM				– 2. 9437 (0. 0172)

表 8 – 11　　　　　　SVM 模型的 DM 检验 （CER）

检测模型	基准模型 （CER）			
	LFOA – SVM	CFOA – SVM	FOA – SVM	SVM
MAFOA – SVM	1. 6780 (0. 0219)	2. 6845 (0. 0000)	3. 6040 (0. 0000)	– 2. 1472 (0. 0000)
LFOA – SVM		1. 6583 (0. 0057)	3. 9943 (0. 0076)	– 2. 7845 (0. 0052)
CFOA – SVM			2. 4146 (0. 0232)	– 2. 1635 (0. 0075)
FOA – SVM				– 2. 1141 (0. 0013)

由表 8 – 10 和表 8 – 11 得知，提出的 CFOA – SVM、LFOA – SVM 以及 MAFOA – SVM 模型被当成检验目标时，与基准模型 FOA – SVM 和 SVM 相比，对应的 p 值最大的为 0.0232，小于 0.003，因此在 97% 的置信水平下，所有 p 值都小于 3%，CFOA – SVM、LFOA – SVM 以及 MAFOA – SVM 模型预测性能优于其他基准预测模型。

8.6 本章小结

8.6.1 结论

本章以 EU ETS 下的主要碳排放合约期货——欧盟碳排放配额期货和核证减排量期货为研究对象，以 FOA 为研究基础，研究并改进传统的果蝇优化算法，并将其应用于 BP 神经网络模型和 SVM 模型来预测碳价。本章的侧重点有两个方面：一个方面是关于 FOA 的改进；另一个方面是关于欧盟碳价的预测分析。

FOA 作为一种新型的群体智能算法，具有模型简单、参数少、易于实现等优点。因此，该算法引起了学者的广泛关注，并逐渐成为优化方法的研究热点。然而，由于算法仍然存在着收敛慢、易陷入局部极值等缺点，极大地限制了 FOA 的应用范围。针对 FOA 存在的不足，本章着重对 FOA 进行了改进，算法的改进主要是从提高精度和避免陷入局部极值等方面，将传统 FOA 与其他策略相结合进行的。

（1）本章改进了果蝇移动的步长，在早期迭代时搜索步长最大，全局优化能力最强。随着寻优迭代的增加，局部搜索能力慢慢变强，这种变化保证了算法在初始阶段找到全局最优解的概率很大，但不陷入局部最优。最后能达到最大的搜索精度，从而达到全局寻优能力和局部优化能力的均衡。

（2）由于混沌的遍历性和混合特性，算法可以在更高的速度下进行迭代搜索，而不是在普通概率分布下进行标准随机搜索，运用混沌理论的全局寻优能力，使得果蝇个体以较大概率跳出局部最优解，从而继续进行参数优化的过程。

（3）将 Lévy 飞行应用于群体智能优化算法，不仅可以增加种群的多样性，而且扩大了搜索范围，使得果蝇个体跳出局部极值更加容易。

其次，对于本章构造的碳价预测模型，本章得出以下结论：

（1）与传统的 BP 模型和 FOA - BP 模型相比，CFOA - BP、LFOA - BP 以及 MAFOA - BP 模型对 EUA 期货和 CER 期货的预测效果更好，具体来看，进行混沌处理后的果蝇优化算法优化效果最好，其次是进行自适应步长处理，最后是基于 Lévy 飞行的改进。

（2）与传统的 SVM 模型和 SVM 模型相比，CFOA – SVM、LFOA – SVM 以及 MAFOA – SVM 模型对 EUA 期货和 CER 期货的预测效果更好，具体来看，进行自适应步长处理后的果蝇优化算法优化效果最好，其次是进行混沌处理，最后是基于 Lévy 飞行的改进。

8.6.2　展望

除了欧盟期货市场的欧盟碳排放配额期货和核证减排量期货，本章构造的混合模型还能够预测其他时间序列领域，包括石油价格数据，太阳辐射时间序列等。但是，本章构造的预测模型仍然有需要改进的方向：

（1）在特征构造方面，本章考虑了四个维度 19 个指标对碳价的影响，如果能将温度因素、环境因素和政策因素考虑到模型里，可能会提高模型的预测效果。

（2）如何结合其他的群体智能算法用于碳价预测研究。近年来，群体智能算法是机器学习领域的研究热点，诸如灰狼算法，蜂群算法，萤火虫算法等，这些算法各有优缺点，算法的出现为解决现实生活里的复杂问题提供了技术选择。如何将它们结合起来，相互补充，下一步仍然探索和研究。

（3）在机器学习算法的选择方面，本章选取了两种较简单易于改写的两种机器学习算法——BP 神经网络和 SVM，为了进一步改善碳价的预测精度，可以从深度神经网络方面着手，建立更加强大的预测系统。

第 9 章　基于 CRNN – Attention 模型的文本情感分类

9.1　引　　言

目前，句子级的文本情感挖掘及分类大致上可以分为三种常见的方式：基于规则与词典的方法、基于机器学习的方法和基于深度学习的方法。

构建出情感词典的方法主要分为两种：人工标注构建法与自动构建法。文献［288］通过手工构建一个藏语极性词典，将该词典应用在情感分类任务上获得了非常不错的效果。文献［289］通过现存的手工构建的情感词典，对引文内容利用情感倾向分析方法进行情感识别。文献［290］通过利用词向量方法将文本信息映射到向量空间，借助已有的通用情感词典，自动构建出适用于特定领域的情感词典。文献［291］等人在手动整理的歌词基准词汇库的基础上，使用基于点间互信息法测量相似度的方法对情感词典进行扩充，自动构建出适用于歌曲情感分类的词典。该方式最大不足就是情感词典的构造太依赖人工，如何设计出一套能够自动化建设情感词典的手段是其急需解决的问题。但由于其也具有使用直接，判别速度快等优点，在一些特定的应用场景也有用武之地。

基于机器学习的方法有很多自动特征提取方法，其最大优点是不需要构建情感词典。文献［292］使用机器学习进行情感倾向分类，词语特征权重是词语的 TF – IDF 值。文献［293］使用朴素贝叶斯模型对酒店评论进行情感倾向分析。文献［294］选用文本不同特征，并选用不同特征组合结合 SVM 对微博做情感分类，最终的分类效果优良。当然，该方法也有一定约束条件，找寻标注完全准确的训练样本和良好的特征工程是困难的，良好的特征方程有助于提升模型的效果，其选择对于根据机器学习的情感倾向分类十分关键。研究人员为解决这些特征工程无法抽取文本情感特征这一难题，创造除了基于人工制订的规则的特征提取方法。如文献［295］利用 LDA 提取微博文本主题分布特征，融合情感特征和句式特征，采用 AdaBoost 集成分类方法针对上述特征变量训练情感分类模型；文献［296］等人基于表情符能改变或加强微博文本的情感极性这一认知事实，将表情符构建成为文本特征之一，有效提升模型准确率。

深度学习算法具有强大的特征学习能力，能够解决人工抽取特征的困难，学者们将深度学习结合文本领域，取得巨大的成就。自然语言处理领域结合深度学习的一个核心技术就是稀疏词向量表示，词向量（Word Embedding）的思想首先由 Hinton 提出，将低维稠密的向量表征出词语就是词向量，它主要解决一些模型的特征的维数灾难问题。文献［297］提出的 word2vec 技术，CBOW 和 Skip – gram 模型是它最核心的两种方法，其词向量表示是由一种无监督的方式训练得到的，该方式训练十分高效并且词向量拥有较好的语义，自此词向量的应用开始骤升。文献［298］继 word2vec 后发现了 Glove 模型，它使用全局词共现矩阵分解的方法获取词向量，这一点与 word2vec 使用局部词共现完全不同。此后学者在训练分类器的时候大多以词向量作为特征，比如文献［299］将计算机视觉领域常用的卷积神经网络应用到文本情感分析领域，并以词向量作为其输入，该模型最终的分类效果非常理想文献，文献［300］等人使用 EMCNN（Emotion – semantics enhanced），将基于表情符号的情感空间映射与深度学习模型 MCNN（Multi – channel Convolution Neural Network）结合，有效增强了 MCNN 捕捉情感语义的能力。文献［301］把特征输入设定为词向量，词向量的深入训练是接入基于注意力机制的循环神经网络中进行的，再进行文本情感倾向分类，其分类效果明显；文献［302］等人在基本的长短期记忆网络中加入前馈注意力模型，实验证明提出的方案较传统的机器学习方法和单纯的长短期记忆网络的方法有明显的优势。

本章主要用 TextCNN、RNN – Attention 和 CRNN – Attention 等分类器对爬取的华为 P20 评论文本进行建模，运用主题模型结合构建好的 CRNN – Attention 模型挖掘顾客的意见，对华为 P20 评论提出针对性建议，为华为 P 系列手机提供改进方向。

9.2　词向量化方法

文本情感分类，又称倾向性分析、意见挖掘等。是对带有主观性文本以及情感色彩的文本进行分析、处理、挖掘的过程。它主要包括文本分词、词向量化、模型建模、模型评价及模型应用等几个部分。下面将介绍文本分词、词向量化。

9.2.1　文本分词

目前存在的分词算法主要总结为三大类：基于词典的方法、基于统计的方法和基于规则的方法。基于词典的方法为本章所使用的分词法。

基于词典的分词法将需要被分析的汉字串匹配词典中的词条，按照一定规则，若在词典中匹配到了某个字符串，则成功。为了识别出某个词，我们根据扫描方向的不同，可以把匹配方式分为正向匹配与逆向匹配。常用的方法如下：

（1）最大正向匹配：扫描方向从左到右，将需要被切分的字符串按照扫描方向读入，并与词库中的词条进行遍历匹配且长度越大越好。

（2）最大逆向匹配：扫描方向从右到左，将需要被切分的字符串按照扫描方向读入，并与词库中的词条进行遍历匹配。

（3）最少切分：待切分字符串得到所有的分词结果中取切分词最少的那一种。

（4）双向最大匹配法：将正向逆向两种匹配法得到的分词结果对比，依据比较的结果遴选出最佳的分词结果。

这种分词方法的优点在于操作简单、分词效率较高，在使用过程中需提供准确且完备的词典。

本章所使用的分词工具为 python 的 jieba 分词库，它是基于词典分词方法原理结合概率语言模型编写的。jieba 分词库内建有名为 dict. txt 的词典，这个词典中的词收录了词的频率和词性共两万多条，比较全面而丰富，使用它的分词过程如下：

（1）超高效率的词图扫描是基于 Trie 树结构完成的，构建一个有向无环图（DAG）使用的是生成句子中的汉字的每一种可能性。

（2）得到基于词频的最大切分组合并结合动态规划辅助得到最大概率路径。

（3）采用结合了根据汉字成词的 HMM 模型解决未登录词的问题。

9.2.2　词向量化技术

词向量化技术主要有 One - hot Representation 和 Distributed Representation 两种。在形式上，One - hot Representation 词向量是一种稀疏词向量，其长度就是字典长度，而 Distributed Representation 是把稀疏词向量变成稠密词向量的表示；在功能上，Distributed representation 最大的好处就是可以让相近语义的词在距离上也更近一些。关于生成 Distributed Representation 形式的词向量主要有 word2vec、LSA 矩阵分解模型、PLSA 潜在语义分析概率模型、LDA 文档生成模型等。本文所使用的是 word2vec 模型中的 skip - gram 模型，下面详解对它进行介绍。

该模型结构类似于前向的神经网络语言模型，只不过没有了非线性隐层，直接将当前词映射到移动窗口的其余位置，并计算其损失函数。该模型的思想十分类似于自编码器的思想，首先对输入进行编码压缩，继而在输出层将数据解码恢复初始状态。可以看出，词序对该模型并没有影响，模型训练过程中也用到了未来的词。该模型的输入是当前词的 One - hot Representation，而输出是周围词的 One - hot Representation，也就是说，通过当前词来预测周围的词。在模型结构最后一层的处理上，可以使用传统的神经网络训练词向量和基于霍夫曼树的方法来训练词向量，相比较而言，选择使用基于霍夫曼树的方法训练词向量，速度更快。Skip - gram 模型结构如图 9 - 1 所示。

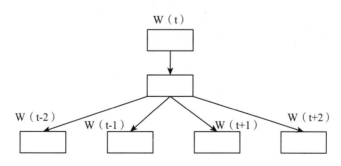

图 9 - 1　Skip - gram 模型原理图

9.3 基于神经网络的文本情感分类模型

9.3.1 TextCNN 情感分类模型

近年来，深度学习方法在图像处理和文本分析的应用和研究上都取得了巨大的进展。起初，卷积神经网络因其特有的卷积、池化结构可获取图像中的各种纹理、结构，并结合全连接网络完成信息的汇总和输出，而一直被广泛应用于图像处理的任务中。目前，由于评论文本具有句子长度有限、结构紧凑、独立表达意思的特点，而卷积具有良好的局部特征提取的功能，使得 CNN 在评论文本的分析任务中相对于其他深度学习方法具有较大优势。

TextCNN 模型主要包括输入层、卷积层、池化层和全连接层四部分。以本章所使用的模型结构为例，为便于展示，这里将词向量的维度简化为 7，每类卷积核个数简化为 2，如图 9 - 2。

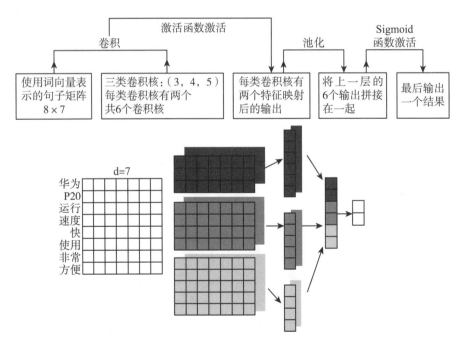

图 9 - 2 TextCNN 模型原理图

输入层的功能是将短文本的特征作为输入数据传入卷积神经网络模型并与下一层相连接。输入层被"喂"入一条语句 s 时，记语句 s 被预处理后的第 t 个时间步单词为 w_t，首先通过嵌入矩阵 W_e 将单词向量化，$x_t = W_e w_t$。当词向量为 k 维时，n 个词映射后会得到 n×k 维的矩阵，类似于一张 n×k 维的图像。用 $X_i \in R^k$ 表示句子中第 i 个词的 k 维词向量，则一个包含 n 个单词的句子可以表示成公式（9 – 1）：

$$X_{1:n} = X_1 \oplus X_2 \oplus \ldots \oplus X_n \qquad (9 – 1)$$

这里 $\oplus$ 表示拼接操作。$X_{i:i+j}$ 表示 $X_i, X_{i+1}, \ldots, X_{i+j}$ 的拼接。

然后，设定大小为 $h \times k$ 的窗口，其中设 h 为每列词语的数量，k 为词语向量的维数，该卷积窗口可以将需要的若干个特征通过对输入层输入的数据进行卷积操作获得。其中，一个卷积操作需要在 h 个单词的窗口上应用滤波器 $W \in R^{hk}$，从而产生一个新的特征。例如，c_i 特征是对单词窗口 $X_{i:I+h-1}$ 应用公式（9 – 2）产生的：

$$c_j = f(W \cdot X_{i:i+h-1} + b) \qquad (9 – 2)$$

其中 $b \in R$ 为偏置项，函数 f 是一个非线性函数。该滤波器被应用到句子中每一个可能的单词窗口中，以生成一个特征映射，如公式（9 – 3）：

$$c = [c_1, c_2, \ldots, c_{n-h+1}] \qquad (9 – 3)$$

其中，$c \in R^{n-h+1}$。

接下来的池化层，对前面的特征映射采用最大池化策略，即取最大的值 $\hat{c} = \max\{c\}$ 作为对应滤波器的特征，捕获最重要的特征。无论特征映射中的值为什么形式，我们只用取其最大值，那么这就可以解决长度不固定的句子作为输入的情形。

最后，池化层的全连接到 Softmax 层，Softmax 层根据任务的需要设置。可采用 Dropou 防止过拟合，并通过 Softmax 函数计算最终要优化的代价函数。

9.3.2　RNN – Attention 情感分类模型

尽管基于神经网络的文本情感分类方法已经非常有效了，但使用循环神经网络时一般会遇到一个问题，那就是当所要处理的序列较长时，就会导致网络容易忘记之前的东西，这在机器翻译、对话系统中会经常出现，为解决这一问题，学者们就根据心理学原理提出了"注意力"机制，使得网络工作过程中可以像人一样将注意力放在不同部位。针对本章所将研究的问题而言，手机评论大部分属于句子级的短评，不需要使用层级的方法来得到文档的情感倾向，但仍可以使用单层的注意力模型结合双向 RNN 实现句子级的情感分类。

（1）GRU 神经网络。GRU 使用门限机制来记录序列状态，而不使用单独的记忆细胞。这里有两种类型的门，重置门 r_t 和更新门 z_t，他们共同控制信息来更新状态。在时间步 t，GRU 按公式（9 - 4）计算新状态：

$$h_t = (1 - z_t) \odot h_{t-1} + z_t \odot \tilde{h}_t \qquad (9-4)$$

这是一个在前一状态 h_{t-1} 和由新的序列信息计算出的状态 $\tilde{h}_t$ 之间的线性差值。更新门 z_t 决定了保留多少前一状态的信息以及加入多少新信息。更新门 z_t 的更新由公式（9 - 5）得到：

$$z_t = \sigma(W_z x_t + U_z h_{t-1} + b_z) \qquad (9-5)$$

其中 x_t 是时间步 t 时刻的序列向量。候选状态 $\tilde{h}_t$ 的计算类似于传统的RNN，按公式（9 - 6）得到：

$$\tilde{h}_t = \tanh(W_h x_t + r_t \odot (U_h h_{t-1}) + b_h \qquad (9-6)$$

这里重置门 r_t 决定了过去的使用信息有多少部分来更新候选状态 $\tilde{h}_t$。如果 r_t 为 0，那么它将遗忘过去的所有信息。重置门 r_t 的更新公式（9 - 7）得到：

$$r_t = \sigma(W_r x_t + U_r h_{t-1} + b_r) \qquad (9-7)$$

（2）Attention 模型原理。Attention 机制的基本思想是：传统的编码解码器都受到了内部的一固定长度向量的束缚，而引入 Attention 机制后，依靠 RNN 编码器对中间结果的保留，为了让输入间的权重不同而又训练处一个模型，并该模型与输出关联，具体计算如公式（9 - 8）、（9 - 9）和（9 - 10）：

$$u_t = \tanh(W_w h_t + b_w) \qquad (9-8)$$

$$\alpha_t = \frac{\exp(u_t^T u_w)}{\sum_t \exp(u_t^T u_w)} \qquad (9-9)$$

$$s = \sum_t \alpha_t h_t \qquad (9-10)$$

首先，将单词 w_t 的表示 h_t 喂入一个单层的 MLP 得到 h_t 的隐层表示 u_t。然后，通过计算 u_t 与上下文向量 u_w 的相似度并将相似度通过 Softmax 得到标准化后的重要性权重 α_t。最后，按照权重 α_t 组合单词的表示 h_t 得到句子 s 的表示。

（3）RNN - Attention 模型。RNN - Attention 模型主要包括输入层、循环层、

Attention 层和全连接层四部分。以本章所使用的模型结构为例，为便于展示，这里将词向量的维度简化为 5，循环次数简化为 5，如图 9 – 3。

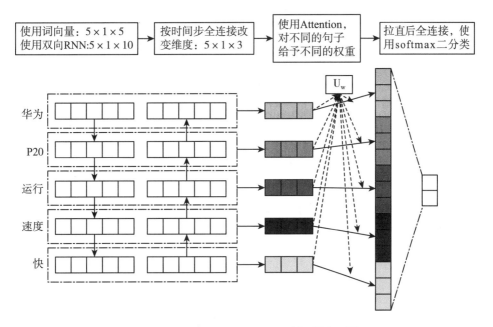

图 9 – 3　RNN – Attention 模型原理图

输入层的词向量化同 TextCNN 一样，当被"喂"入一条语句 s 时，记语句 s 被预处理后的第 t 个时间步单词为 w_t，首先通过嵌入矩阵 W_e 将单词向量化，$x_t = W_e w_t$。

循环层使用双向 GRU 单元对语句两个方向的信息进行汇总，得到单词结合上下文信息后的表示。双向 GRU 单元包含前向过程和后向过程。前向过程 $\overrightarrow{f}$ 从语句 s 的第一个时间步单词 w_1 扫描到语句 s 的最后一个时间步单词 w_T，后向过程 $\overleftarrow{f}$ 从语句 s 的最后一个时间步单词 w_T 扫描到语句 s 的第一个时间步单词 w_1。整个过程由公式（9 – 11）、（9 – 12）和（9 – 13）可得：

$$x_t = W_e w_t, t \in [1, T] \tag{9 – 11}$$

$$\overrightarrow{h_t} = \overrightarrow{GRU}(x_t), t \in [1, T] \tag{9 – 12}$$

$$\overleftarrow{h_t} = \overleftarrow{GRU}(x_t), t \in [T, 1] \tag{9 – 13}$$

通过拼接正向过程中的隐藏状态 $\overrightarrow{h_t}$ 和反向过程中的隐藏状态 $\overleftarrow{h_t}$，得到汇总了单词 w_t 上下文信息后的表示 $h_t = [\overrightarrow{h_t}, \overleftarrow{h_t}]$。

Attention 层的产生是因为句子中不同的单词的重要程度不同，我们对这些单词的关注程度也是不一样的，因此设置 Attention 层对单词给予不同的权重。句子中，表达核心意思的单词应赋予更大的权重。

最后，我们将句子级的表示全连接到 Softmax 层，Softmax 层的具体形式根据需要而定。可采用 Dropout 防止过拟合，并通过 Softmax 函数计算最终要优化的代价函数。

9.3.3 CRNN – Attention 情感分类模型

CRNN – Attention 可以看作是 TextCNN 与 RNN – Attention 模型组合而成的模型。该模型已由 Chen 等人（2018）提出，用于语音的情感分类，本章借鉴其思想，将该模型应用到文本情感分类领域中。

CRNN – Attention 模型主要包括输入层、卷积层、循环层、Attention 层和全连接层四部分。以本章所使用的模型结构为例，为便于展示，这里将词向量的维度简化为 5，卷积核个数简化为 4，如图 9 – 4。

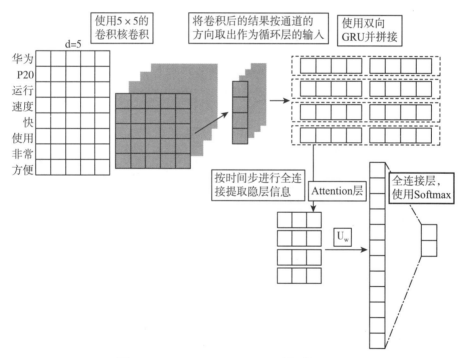

图 9 – 4 CRNN – Attention 模型原理图

输入层的作用同 TextCNN 相同，将词语向量化并拼接成矩阵。卷积层的作用是对相邻的词的信息整合，起到平滑降噪，提取信息的作用，经过卷积层的卷积后，按通道方向对卷积结果整合，在通道方向上，认为每一行即是融合了近邻几个单词信息后的单词信息表示。循环层使用双向 GRU 单元对语句两个方向的信息进行汇总，得到单词结合上下文信息后的单词表示，进一步提升单词信息表示的准确程度。Attention 对句子中不同的单词给予不同程度的关注，最后全连接到 Softmax 进行二分类。

9.4　基于神经网络和 Attention 模型的文本情感分类建模

9.4.1　模型结构及评价指标

（1）模型结构。本章使用的 TextCNN、RNN – Attention、CRNN – Attention 三种模型进行对比分析。首先，介绍三种模型在本章中的结构。TextCNN 模型结构如图 9 – 5。

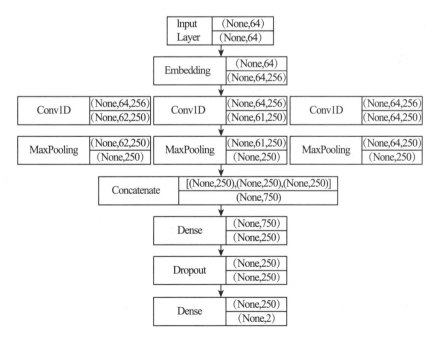

图 9 – 5　TextCNN 模型结构图

在本章中的 TextCNN 模型中，使用的词向量维度为 256，使用卷积核宽度分别为 3、4、5 三种卷积核各 250 个，将池化后的结果拉直全连接到 Softmax 进行二分类，并使用了 Dropout 层避免过拟合。

RNN – Attention 模型结构如图 9 – 6。

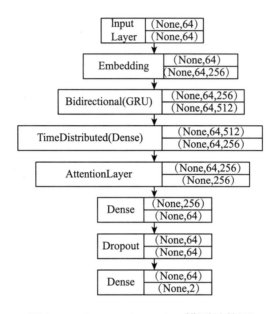

图 9 – 6　RNN – Attention 模型结构图

本章中的 RNN – Attention 模型所使用的词向量维度为 256，使用双向 GRU 按时间步横向拼接得到隐层特征，维度为 512。在时间步上使用全连接神经网络进一步提取隐层特征，得到新的隐层特征维度为 256。接着使用 Attention 将所有时间步的特征按照重要程度不同汇总得到整个句子级的表示，维度为 64。最后全连接到 Softmax 进行二分类，并使用 Dropout 防止过拟合。

本章使用的 CRNN – Attention 模型如图 9 – 7。

本章中的 CRNN – Attention 模型所使用的词向量维度为 256，使用 256 个宽度为 3 的卷积核进行卷积，再连接到双向 GRU 按时间步拼接得到隐层特征，维度为 512。接着按时间步使用全连接进一步提取隐层特征，得到新的隐层特征维度为 128，使用 Attention 将这些隐层特征按时间步的重要程度不同汇总得到句子级的表示，维度为 64。最后，全连接到 Softmax 进行二分类，并使用 Dropout 防止过拟合。

（2）模型评价指标。选择合适的评价指标来评判分类器的优劣是很重要的。一般情况下，通常选择准确率、查准率、查全率和 F1 这四个指标及 ROC 曲线对分类器综合评价，从而评价出分类性能最好的分类器。准确率指的是，对文本

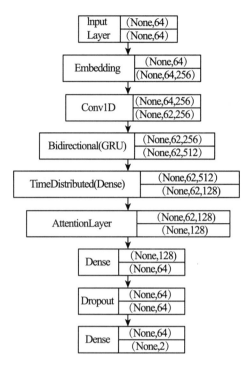

图 9 – 7　CRNN – Attention 模型结构图

数据进行分类后，实际正确分类的数量占所有样本数量的比例，计算公式如公式（9 – 14）：

$$Accuracy = \frac{(TP + TN)}{(TP + TN + FP + FN)} \qquad (9 – 14)$$

查准率指的是，对文本数据进行分类后，实际正确分类的数量占分类器判定属于类别 C_i 的数量的比例，计算公式可以表示为公式（9 – 15）：

$$Precision = \frac{TP}{(TP + FP)} \qquad (9 – 15)$$

查全率指的是，对文本数据进行分类后，类别 C_i 实际正确分类的数量占原始数据中属于 C_i 的比例，因此，计算公式可以表示为公式（9 – 16）：

$$Recall = \frac{TP}{(TP + FN)} \qquad (9 – 16)$$

查准率和查全率在判断分类好坏时各有优劣，而指标 F1 同时兼顾了查准率和查全率，综合考察了查准率和查全率，故指标 F1 也被称之为综合分类率，它的计算公式为公式（9 – 17）：

$$F1 = \frac{2 * Precision \times Recall}{Precision + Recall} \qquad (9 – 17)$$

其中：

FN：False Negative，被判定为负样本，但事实上是正样本。

FP：False Positive，被判定为正样本，但事实上是负样本。

TN：True Negative，被判定为负样本，事实上也是负样本。

TP：True Positive，被判定为正样本，事实上也是正样本。

ROC（Receiver Operating Characteristic）是二维空间上的曲线，其横纵坐标分别表示：真正例率 false positive rate，假正例率 true positive rate。我们计算分类器在测试集上的 TPR 和 FPR 点对。一边调整分类器的阈值，一边在平面上我们将所有这样的点对绘制上去，这样我们就可以得到一个经过（0，0），（1，1）的曲线，即 ROC 曲线。

真正例率的公式为公式（9 – 18）：

$$TPR = \frac{TP}{TP + FN} \tag{9 – 18}$$

假正例率的公式为公式（9 – 19）：

$$FPR = \frac{FP}{FP + TN} \tag{9 – 19}$$

我们将处于 ROC 曲线与横坐标轴之间的区域面积大小称为 AUC。AUC 是非平衡数据集上的关于评价分类器优良的重要指标之一，是 ROC 曲线的量化。

9.4.2 分类模型效果分析

（1）Amazon 数据集下的分类模型效果分析。本章选取的英文数据集为公开数据集 Amazon review dataset 中带有用户评分的 reviews_Electronics 数据集（1689188 条）。该数据集包含的基本特征包括：reviewerID、reviewerName、helpful、reviewText、overall 等。其中 reviewText 为评论文本，overall 为评分。由于篇幅所限，这里展示五条数据，只显示其 reviewText 和 overall，见表 9 – 1。

表 9 – 1　　　　　　　　　　原始评论数据

reviewText	overall
Wanted the monitor off of the desk, so we mounted on the wall. I would have rather had a vertical adjustment as well, but for the price, this unit does the job.	3.0
This mount is easy to install and very sturdy and is very functional and very affordable for the price. A +	5.0

续表

reviewText	overall
We bought this for the tv in our gym as it gets moved around a bit. It's definitely sturdy and works well. Our tv in there is 24",	4.0
This mount works really well once you get it up and going. Only problem is just the arms are a little goofy getting them all in the right spot. But that's really not too big an issue considering all the different TV's and their mounting hole locations.	4.0
The cable is very wobbly and sometimes disconnects itself. The price is completely unfair and only works with the Nook HD and HD +	2.0

　　从表中可以看出文本中包含有无意义的字符串，还有一些评论未展示出来，那些评论中也显现出一些问题，例如，评论过短，评论全为数字标点符号等随意发表的评论，这些都应予以剔除。由于英文单词天然地由空白分隔，所以不需要使用任何分词算法，但英文单词因时态，单复数等状态的不同会产生不同的变化，因此，这里使用 python 的 jieba 包中词干化的办法将同一单词的所有形态还原成单数情况下的一般现在时态。

　　经过数据清洗，共得到有效数据 1689188 条，并绘制词云图，与词频统计条形图，图 9 – 8 与图 9 – 9 展示了词频数前 15 的高频词情况。

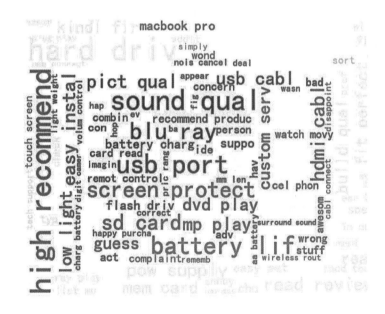

图 9 – 8　词云图

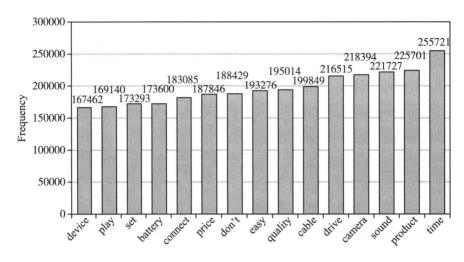

图9-9　词频统计图

由词频统计图可知高频词主要包括产品质量、产品价格、相机、电池电量、噪声大小等方面的词，反映出了消费者对于产品最为关心的一些方面。

在此数据集中，正类样本1356067条，负类样本333121条，极不平衡。因此，本章采用降采样的方法，让正负样本大致平衡。平衡后的样本数为833121，其中正类样本500000，负类样本333121，正负类比率约为1.50。

将833121条数据中75%的数据用作训练集，25%的数据用作测试集。得到三种模型在训练集与测试集中的损失函数值随迭代次数增加而变化的损失函数迭代图，见图9-10。

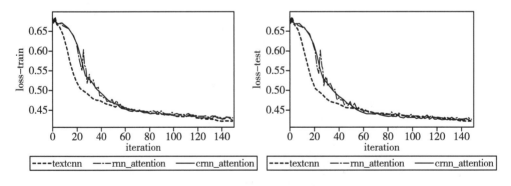

图9-10　损失函数迭代图

由上图可以看出，TextCNN模型收敛速度最快，RNN-Attention与CRNN-Attention模型收敛速度差不多。由于卷积操作具有降噪的功能，可以看出，带有卷积层的TextCNN和CRNN-Attention模型，在损失函数下降过程中较为稳定，而 RNN – Attention 模型则显现出一定的波动性，三种模型均在迭代 60 次的时候收敛速度变缓慢，再往后训练可能会出现过拟合的现象。取迭代 60 次时候的模型计算得到三种模型的混淆矩阵如表 9 – 2、表 9 – 3 和表 9 – 4 所示。

表 9 – 2　　　　　　　　　　　　TextCNN 混淆矩阵

真实结果＼预测结果	好评	差评	合计
好评	102388	22682	125070
差评	22514	60697	83211
合计	124902	83379	208281

表 9 – 3　　　　　　　　　　RNN – Attention 混淆矩阵

真实结果＼预测结果	好评	差评	合计
好评	109235	15835	125070
差评	29089	54122	83211
合计	138324	69957	208281

表 9 – 4　　　　　　　　　　CRNN – Attention 混淆矩阵

真实结果＼预测结果	好评	差评	合计
好评	107972	17098	125070
差评	24876	58335	83211
合计	132848	75433	208281

计算三种模型的 Accuracy，Precision，Recall，F1 四个指标如表 9 – 5 所示。

表 9 – 5　　　　　　　　　　　分类模型评价指标

模型＼评价指标	Accuracy	Precision	Recall	F1
TextCNN	0.78	0.82	0.82	0.82
RNN – Attention	0.78	0.79	0.87	0.83
CRNN – Attention	0.80	0.81	0.86	0.84

我们利用这些指标来综合评价模型的预测能力和泛化能力。

准确率（Accuracy）反映出测试数据集中，TextCNN、RNN－Attention 和 CRNN－Attention 模型能够正确预测好评与差评的条数占测试集全部样本的比例分别为，78%、78%和80%。查准率（Precision）反映出测试数据集中，TextC-NN、RNN－Attention 和 CRNN－Attention 模型预测为好评的条数中真实标签为好评的比例分别为82%、79%、81%。查全率（Recall）反映出测试数据集中，TextCNN、RNN－Attention 和 CRNN－Attention 模型正确预测为好评的条数占测试集好评条数的比率分别为82%、87%、86%。综合分类率（F1）反映出测试数据集中，TextCNN、RNN－Attention 和 CRNN－Attention 模型的查准率和查全率综合合并后的度量值分别为82%、83%、84%。

可以看出在 Accuracy 和 F1 这两个指标上，CRNN－Attention 模型均表现优异，在 Precision 和 Recall 这两个指标上，CRNN－Attention 模型表现也不错，综合考虑可以得出 CRNN－Attention 模型在本次实验中的表现要优于另外两种模型。

绘制模型的 ROC 曲线如图9－11。

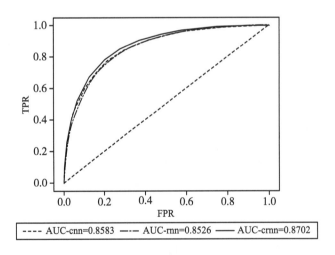

图9－11 ROC 曲线

从 ROC 曲线可以看出 CRNN－Attention 模型曲线下方所包围的面积最大，也即 AUC 值最大，也可以得出 CRNN－Attention 模型的表现也好于另外两种模型。

（2）华为 P20 数据集下的分类模型效果分析。本章选取的中文数据集为在京东、一号店等平台上爬取的华为 P20 手机的评论（10293 条）。该数据集包含的基本特征包括：content 和 score。其中 content 为评论文本，score 为评分。由于篇幅所限，这里展示五条数据，见表 9 – 6。

表 9 – 6　　　　　　　　　　　　原始评论表

content	score
第一次买华为的高端机，p20p 的拍照技术真的是杠杠的，最后两张照片就是用 p20p 拍的。时钟的那一张是放大 5 倍后拍的（不太懂，感觉就像单反）。\ n 其中华为手机的照片是用苹果 6s 拍的，大家可以对比一下。\ n 其余功能后面再说。	5.0
用了几天才来评价，首先物流非常快晚上下的单，第二天一早就到了！手机的颜色也非常漂亮，手机拍不出那种效果得看真机，运行速度很快用起来很快！昨天去博物馆夜景拍照功能也很强。	5.0
屏幕下方按压有异响，安静的时候按下去听的特别清楚。首批产品，品控还是不行。	3.0
用了也就一周吧，晚上打开相册的时候，卡了好几次，后台应用只开了一个微信。打开，黑屏，或者空白，然后显示程序无响应。本来手机总体是很满意的，尤其是拍照，效果神奇。触屏反应也算是灵敏。但是今天晚上这一下，突然让人不信任这个手机了。	3.0
使用中，电池比较耐用，而且手机的摄像拍照确实很出色，能满足自己的拍摄需求，做工也是旗舰水准，就是性能方面华为确实还是要有很长一段路要走，麒麟 970 处理器可以说是落后的一代硬件，对于我这种重度用户来说，是远远不够的，再加上售价和产品相比，确实定价虚高了，毕竟和苹果和三星比起来还是有不少差距，定价却迎头赶上了，所以华为追求高毛利的同时也要认识到自认的短板，照顾到更多消费人群，水能载舟 亦能覆舟。	4.0

从表中可以看出文本中包含有无意义的字符串，在未展示出来的评论中也存在如评论过短，评论全为数字标点符号等随意发表的评论，这些都应予以剔除。由于中文单词不像英文单词那样用空白符分隔，所以我们将使用 python 的 jieba 包来做中文分词。

经过数据清洗，共得到有效数据 9063 条，并绘制词云图，图 9 – 12，与词频统计条形图，图 9 – 13，展示了词频数前 15 的高频词情况。

由词频统计图可知高频词主要包括手机运行速度、拍照效果、手感、物流等方面的词，且用户喜欢将华为 P20 手机与苹果手机拿来对比，反映出了消费者对于该产品最为关心的一些方面。

在此数据集中，正类样本 8751 条，负类样本 312 条，样本极不平衡。因此，

图 9 - 12　词云图

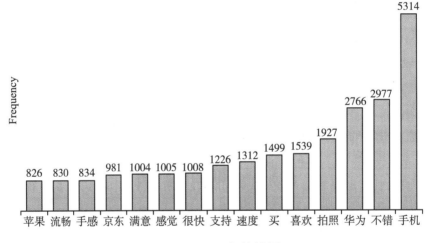

图 9 - 13　词频统计图

本章采用由 Chawla 等（2011）提出的过采样方法，让正负样本大致平衡。平衡后的样本数为 15824，其中正类样本 7282，负类样本 8542，正负类比率约为 0.85。

将 15824 条数据中 75% 的数据用作训练集，25% 的数据用作测试集。得到三种模型在训练集与测试集中的损失函数值随迭代次数增加而变化的损失函数迭代图，图 9 - 14。

由图 9 - 14 可以看出，CRNN - Attention 模型收敛速度最快，其次是 RNN - Attention，最后是 RNN - Attention。同英文数据集中发现的现象一样，由于卷积操作具有降噪的功能，带有卷积层的 TextCNN 和 CRNN - Attention 模型，在损失函数下降过程中较为稳定，而 RNN - Attention 模型则显现出一定的波动性，三

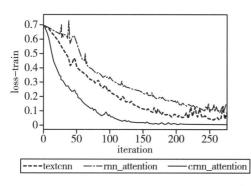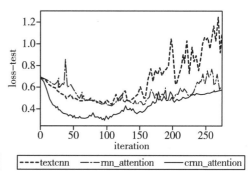

图 9 – 14　损失函数迭代图

种模型均在迭代 100 次的时候收敛速度变缓慢，从 100 次往后，训练集的损失函数值继续减小而测试集中的损失函数值不断增大，说明从 100 次往后三种模型均发生了过拟合。于是取迭代 100 次时候的模型计算得到三种模型的混淆矩阵如表 9 – 7、表 9 – 8 和表 9 – 9 所示。

表 9 – 7　　　　　　　　　　　　　TextCNN 混淆矩阵

预测结果 真实结果	好评	差评	合计
好评	1420	369	1789
差评	480	1687	2167
合计	1900	2056	3956

表 9 – 8　　　　　　　　　　　　RNN – Attention 混淆矩阵

预测结果 真实结果	好评	差评	合计
好评	1486	303	1789
差评	481	1686	2167
合计	1967	1989	3956

表 9 – 9　　　　　　　　　　　　CRNN – Attention 混淆矩阵

预测结果 真实结果	好评	差评	合计
好评	1564	225	1789
差评	315	1852	2167
合计	1879	2077	3956

计算三种模型的 Accuracy，Precision，Recall，F1 四个指标如表 9 – 10 所示。

表 9 – 10   分类模型评价指标

评价指标 模型	Accuracy	Precision	Recall	F1
TextCNN	0.79	0.75	0.79	0.77
RNN – Attention	0.80	0.76	0.83	0.79
CRNN – Attention	0.86	0.83	0.87	0.85

我们利用这些指标来综合评价模型的预测能力和泛化能力。

准确率（Accuracy）反映出测试数据集中，TextCNN、RNN – Attention 和 CRNN – Attention 模型能够正确预测好评与差评的条数占测试集全部样本的比例分别为，79%、80% 和 86%。查准率（Precision）反映出测试数据集中，TextCNN、RNN – Attention 和 CRNN – Attention 模型预测为好评的条数中真实标签为好评的比例分别为 75%、76%、83%。查全率（Recall）反映出测试数据集中，TextCNN、RNN – Attention 和 CRNN – Attention 模型正确预测为好评的条数占测试集好评条数的比率分别为 79%、83%、87%。综合分类率（F1）反映出测试数据集中，TextCNN、RNN – Attention 和 CRNN – Attention 模型的查准率和查全率综合合并后的度量值分别为 77%、79%、85%。

可以看出在 Accuracy、Precision、Recall 和 F1 这四个指标上，CRNN – Attention 模型均表现优异，综合考虑可以得出 CRNN – Attention 模型在本次实验中的表现要优于另外两种模型。

绘制模型的 ROC 曲线如图 9 – 15。

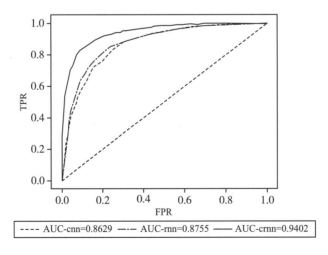

图 9 – 15   ROC 曲线

从 ROC 曲线可以看出 CRNN – Attention 模型曲线下方所包围的面积最大，也即 AUC 值最大，也可以得出 CRNN – Attention 模型的表现也好于另外两种模型。

9.5　基于 CRNN – Attention 和 LDA 模型的主题情感分类

9.5.1　华为 P20 评论文本的主题挖掘

（1）LDA 主题模型原理。隐含狄利克雷分布主题模型（Latent Dirichlet Allocation，LDA）是用来挖掘文档集合中隐藏主题的非监督的机器学习算法。利用该模型可以找到产生文本的最佳主题和词汇，从而最大程度地挖掘文本中所蕴含的潜在主题信息。

该模型首先假设文档是由一些隐含主题所生成而来的，主题是由一些特定词汇决定而来的，其拓扑结构如图 9 – 16 所示。

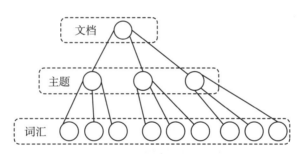

图 9 – 16　LDA 隐含主题拓扑结构图

图 9 – 17 为 LDA 模型的有向概率模型图，LDA 模型是一个三层贝叶斯概率生成模型，把隐含主题表示为词的概率分布，而把文档表示为主题的概率分布，其中主题是对文档内容的聚合，因此模型可以很好地刻画出语料的语义信息。

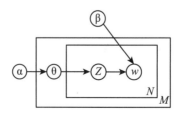

图 9 – 17　LDA 模型的有向概率图

该过程中，假定文档的每个词按照某个概率值生成了它所属的主题，某个主题则又是按照某个概率生成了某个词。每一篇文档其所属隐含主题其实是一个概率分布，而每个主题其实又是有词分布得来的。其具体的数学化描述如下：

①遍历文档 d_m，按照 $N \sim Poisson$（ξ）生成 d_m 中词的数目 N_m。

②遍历文档 d_m，按照 $\theta_m \sim Dir$（α）生成 d_m 关于主题多项式分布的参数 θ_m。

③遍历主题 z，按照 $\varphi_z \sim Dir$（β）生成主题 z 关于语料库中词多项式分布的参数 φ_z。

④对于文档 d_m 的第 n 个词 $w_{m,n}$：根据多项式分布 $z_{m,n} \sim Multi(\theta_d)$，抽样得到词 $w_{m,n}$ 所属的主题 $z_{m,n}$；根据多项式分布 $w_{m,n} \sim Multi$（φ_z），抽样得到具体的词 $w_{m,n}$。

过程中的符号说明见表 9 – 11：

表 9 – 11   **符号说明**

符号	含义
K	主题数量
N_m	第 m 篇文档的总词数
M	文档集的文档数量
d_m	第 m 篇文档
$w_{m,n}$	第 m 篇文档的第 n 个词
$z_{m,n}$	第 m 篇文档中的第 n 个词的主题
A	主题的先验概率，θ 的超参数
B	词汇的先验概率，φ 的超参数
θ_m	第 m 篇文档主题多项式概率分布
φ_z	第 z 个主题的词汇多项式概率分布
Dir(x)	Dirichlet 概率分布

最后，参数估计是 LDA 模型的关键步骤，并且 LDA 模型的参数无法通过直接计算获得，往往需要使用间接推理算法对其进行估算。常用的参数估计算法有 Gibbs（2017）抽样、EM（2017）算法等。其中 Gibbs 抽样算法因其快速、高效等优点，而常被用于 LDA 模型的参数估算，这也是本章所采用的参数估计方法。

（2）华为 P20 属性挖掘。通过上一章对华为 P20 手机评论数据集的初步描述性统计分析，我们通过用户评论中的高频词初步认识了用户对华为 P20 的关注点，接下来我们将使用 LDA 主题模型挖掘用户所关心的主题。进行 LDA 主题聚类首先要建立语料库和确定最佳的主题个数。

①建立语料库。在使用 LDA 主题建模之前需要构建特殊的数据集（即语料库），是一个文本集的单词数据集，由于使用 LDA 主题模型是为了挖掘出语料的意图，故只需要在分词后使用词性标注（2006）取出其中的名词与动词，见表 9 – 12 所示。

表 9 – 12　　　　　　　　标注后语料库前 50 条词频表

关键词	词频（次）	关键词	词频（次）	关键词	词频（次）	关键词	词频（次）
手机	8030	支持	1140	功能	726	玩	572
买	3688	发货	1120	下单	708	国产	553
华为	3592	赠品	1058	体验	694	垃圾	553
拍照	2433	苹果	1004	评	679	膜	551
说	2426	手感	987	购物	675	只能	549
感觉	1569	退货	979	价格	651	极光	548
速度	1517	效果	907	好看	650	游戏	530
喜欢	1459	运行	844	卡	633	希望	525
客服	1439	系统	838	拍	632		
送	1429	质量	834	卖家	629		
屏幕	1412	外观	833	问	592		
收到	1295	电池	769	商家	591		
物流	1254	发现	741	售后	590		
满意	1180	快递	736	评价	585		

②LDA 主题数的确定。LDA 中主题个数的确定是一个困难的问题，当各个主题之间的困惑度的最小时，就可以算找到了合适的主题个数。参考一种基于困惑度的自适应最优 LDA 模型选择方法，过程如下：

（i）选取初始 K 值，得到初始模型，计算各主题之间的困惑度；

（ii）增加或减少 K 的值，重新训练得到模型，再次计算主题之间的困惑度；

（iii）重复第二步直到得到最优的 K

一般而言，对于一个未知分布，其困惑度越低，说明模型越好，将困惑度系数进行可视化展示，我们针对不同的主题数目绘制其困惑度系数的变动图，在其拐点处取最佳主题数目，其困惑度系数的变化如图 9 - 18。

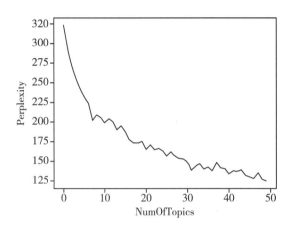

图 9 - 18　困惑度趋势图

从困惑度趋势图看出，复杂度在主题数目增大时不断减小，当主题数目为 32 时，复杂度较小，然后下降趋势明显变换逐渐趋于稳定，所以本文中将 LDA 主题模型的主题数目定为 32。

③LDA 主题建模。在确定主题数目为 32 之后，对语料库使用 TF - IDF（2004）调整词权重后进行 LDA 主题建模，得到 32 个主题每个主题对应的前 9 个主题词，如表 9 - 13 所示。

表 9 - 13　　　　　　　　　　　　主题词表

	词1	词2	词3	词4	词5	词6	词7	词8	词9
主题1	失望	问	蜗牛	售后	客服	赠品	购物	回答	物流
主题2	评	退货	翻新	星	期望	宝	个差	卡	修
主题3	说好	安装	用电量	赠品	指纹	软件	摄像头	触屏	快递
主题4	流量	声音	防尘	情况	媳妇儿	信号	噱头	记录	放假
主题5	忍	公布	屏幕	边框	手写	识别率	电信	公司	默认
主题6	退	差价	下单	发货	墨迹	运存	办法	物品	男朋友
主题7	维修	差距	钢化膜	发热	软件	讨厌	像素	视频	换
主题8	客服	极差	消费者	商家	反馈	沟通	华为	都卡	说

续表

	词 1	词 2	词 3	词 4	词 5	词 6	词 7	词 8	词 9
主题 9	网络	坑	价位	感觉	加载	卡	切换	碎	条件
主题 10	主板	图库	关注	失败	打开	碎	发热	小米	解释
主题 11	吃鸡	电池	差评	客服	店家	借口	游戏	听筒	没送
主题 12	垃圾	拍照	系统	苹果	不解决	卡	满屏	华为	坑
主题 13	漆	廉价	国行	失望	垃圾	耳机	体验	卡	电影
主题 14	发热	配送	客服	手机	软件	缝隙	评价	女生	功能
主题 15	信号	质量	客户	显示	怀疑	不行	感觉	触屏	碎
主题 16	手机	游戏	运行	重启	心塞	花屏	碎	指纹	软件
主题 17	电影	游戏	电池	用电量	发烫	耳机	外放	快递	运行
主题 18	划痕	发热	定制	速度慢	指纹	签收	摔	垃圾	捆绑
主题 19	发票	垃圾	降价	保护	捆绑	壳	捆绑	碎	耳机
主题 20	二手货	欺骗	国货	华为	闹钟	证据	机子	配置	感受
主题 21	划痕	售后	商家	快递	坏掉	退货	膜	软件	下图
主题 22	垃圾	袋子	硬件	超慢	估计	情怀	小米	小哥	华为
主题 23	态度	客服	手机套	自带	真坑	物流	破损	缓存	道德
主题 24	质量	材质	没电	割手	毛刺	档次	品质	配置	款式
主题 25	对不住	价格	电量	客服	手机	性价比	满意	反复	买卖
主题 26	发货	速度	后悔	苹果	电量	网络	玩游戏	死机	拍照
主题 27	退货	客服	镜头	手机	华为	赠品	采购	买	吃鸡
主题 28	系统	退货	黑屏	拍照	流量	游戏卡	不想	理由	无敌
主题 29	发票	发白	触屏	发货	耳机	坑多	密码	见到	送
主题 30	质量	镜头	双卡	华为	客服	修机	电话卡	感应	失望
主题 31	都卡	媳妇	赠品	磨痕	物流	手机套	退货	肯定	商品
主题 32	物流	赠品	店家	发错	定制	网通	手机	死机	人脸

9.5.2　基于 CRNN – Attention 模型的华为 P20 属性情感评分

（1）华为 P20 属性评分。根据第 3 章第一节主题模型建模结果，我们将用户对手机的评论主题总结如表 9 – 14 所示。

表 9 – 14 　　　　　　　　手机评论主题表

主题	序号	内容
性价比	9，25	价格、价位
材质手感	24	材质、毛刺
正品行货	2，13，20	国行、翻新
物流速度	6，22，26，32	墨迹、超慢
手机系统	28	系统、黑屏
续航能力	3，11，17	没电、电量
客服服务	1，8，19，21，23，27，29	客服、极差
拍照效果	30	镜头
运行速度	12，16，31	卡
发热情况	7，10，14，18	发热
手机信号	4，15	信号
屏幕占比	5	屏幕、边框

　　应用由华为 P20 手机评论数据集得到的 CRNN – Attention 文本情感分类模型，对每个主题下的所有评论进行文本情感分类，计算其正类占该主题下全部评论样本数目的占比作为其情感得分，情感得分大于等于 0.5 的，我们认为消费者对该主题的情感倾向是正向的，反之则是负向的，结果见表 9 – 15。

表 9 – 15 　　　　　　　　手机评论主题得分表

主题	得分	情感倾向
性价比	0.500	1
材质手感	0.399	0
正品行货	0.606	1
物流速度	0.501	1
手机系统	0.693	1
续航能力	0.376	0
客服服务	0.429	0
拍照效果	0.570	1
运行速度	0.560	1
发热情况	0.416	0
手机信号	0.487	0
屏幕占比	0.296	0

（2）华为 P20 属性评分结果分析。根据表 9 – 15，我们可以清晰地看出消费者对于华为 P20 手机不同方面所持的态度。性价比方面，消费者评分 0.5，说明这款手机在性价比上来说不具备太大优势；材质手感方面，消费者评分 0.399，说明这款手机在外壳材料上的选择不符合大众的喜好；正品行货方面，消费者评分 0.606，说明消费者十分看重买到了正品；物流速度，消费者评分 0.501，说明物流速度只让消费者勉强接受；手机系统方面，消费者评分 0.693，说明这款手机在系统上有着很大的优势；续航能力，消费者评分 0.376，说明这款手机在省电和电池容量上还需要做进一步优化，尤其是现在手机大型游戏的玩家日益增多；客服服务方面，消费者评分 0.429，说明在销售平台的管理环节不够严格；拍照效果上，消费者评分 0.570，说明这款手机的拍照得到了市场的认可；运行速度，消费者评分 0.560，说明这款手机还是比较流畅的，能让消费者满意；发热情况，消费者评分 0.416，说明手机的散热功能不尽如人意；手机信号，消费者评分 0.487，说明手机的信号接收效果不太理想；屏幕占比，消费者评分 0.296，说明目前消费者更喜欢全面屏。

9.6　本章小结

9.6.1　结论

（1）TextCNN、RNN – Attention 和 CRNN – Attention 模型的分类效果。对英文数据集 Amazon reviews dataset 和爬取的中文数据集华为 P20 评论进行数据预处理后，分别使用 TextCNN、RNN – Attention 和 CRNN – Attention 三种模型对评论文本进行分类。比较 Accuracy、Precision、Recall 和 F1 等指标，发现 CRNN – Attention 在三种分类模型中分类效果最好，因此在对中文数据集华为 P20 评论进行属性挖掘时，使用构建好的 CRNN – Attention 模型，对文本各主题进行文本情感分类。

（2）华为 P20 手机评论的基本特征。此次研究的对象华为 P20 手机的网购评论，评论数据显示，网购华为 P20 手机的用户，更加关注手机的手机运行速度、拍照效果、材质手感、物流速度等方面。

（3）华为 P20 手机评论情感分析。通过顾客在网购平台上的评论，分析了顾客对这款手机的情感倾向。根据表 9 - 15 的打分情况，顾客在性价比、正品行货、物流速度、手机系统、拍照效果和运行速度等方面给出了正向的评价；顾客在材质手感、续航能力、客服服务、发热情况、手机信号和屏幕占比等方面给出了负面评价。

9.6.2　建议

模型方面，可以对词向量进一步优化，如使用 Glove 模型、Bert 模型等，在使用预训练词向量的基础上进行微调可大大减少模型训练时间，提高模型分类的准确率。还可以对 CRNN - Attention 模型中的卷积层类型进行丰富，本章只选用了宽度为 3 的一种卷积核。

评论方面，根据表 9 - 15 的打分情况，对新用户而言，若新用户对性价比、正品行货、物流速度、手机系统、拍照效果和运行速度等方面有较高的偏好，可以考虑选择这款手机。对华为公司而言，华为公司应该着重考虑改善手机的材质，优化手机客户端 App 的耗电量，提升电池容量，提升手机的散热性能，增强手机接收信号的功能，并且，要大力提升客户服务质量；另外，顾客对华为 P20 手机系统给出了较高的评价，建议继续保持手机系统的优势，而在续航能力和屏幕占比方面给出了较低的分数，建议华为公司进一步优化电池性能，并使用屏幕占比更大的全面屏。

第 10 章　基于 TextCNN 与 LDA 的民宿行业服务质量分析

10.1　引　言

随着生活水平的提高，人们在各方面开始追求高质量服务。在旅游出行方面，越来越多的人选择自由行而非跟团游，而景区附近的酒店普遍价格高昂且服务质量不理想，使得富含人文气息且提供个性化服务的民宿短租渐渐被大众所喜爱。据《中国景区民宿市场研究报告 2017》[303]显示，2016 年在线旅游非标准住宿市场规模已达到 89.4 亿元，占在线住宿市场规模的比例为 7.1%，且随后的发展中民宿市场规模将不断扩大。

随着我国民宿行业的迅速发展，其服务质量也越来越被大众所关注。目前我国对服务质量的研究多集中于对高星级酒店、中档酒店和经济型酒店的研究，对于民宿行业服务质量的研究并不深入，近年来相关的研究主要停留在传统的问卷调查和内容分析法[304-306]的运用，往往存在数据收集不全、分析过于主观等问题。本章利用深度学习的方法将通过网络爬虫技术获取的大量的顾客评论转变为定量评估，用于民宿行业服务质量的评价和比较，相对于传统的研究更加深入、补充和深化了对我国民宿行业服务质量的研究。

另外，通过研究顾客对现有民宿业服务质量的评价，从消费者的角度衡量各地区民宿服务质量水平，探索和发现民宿行业在目前的发展中存在的问题和不足。一方面可以为民宿业主提高管理水平、增强自身的市场竞争力提供相应的对策和建议；另一方面可以为政府出台相关政策措施提供借鉴，对于政府更好地管理民宿行业、改善和提高民宿行业服务质量具有重要意义，有助于推动我国民宿行业的发展和壮大。

本章研究的主要内容在于通过用户对民宿的评论、打分数据，挖掘用户对于民宿行业各方面的满意度情况从而达到对民宿行业服务质量进行评价的目的。

根据研究的需要通过网络爬虫技术获取用户评论、评分数据，并对获取的数据进行数据清洗和预处理；在数据探索性分析的基础上建立关于文本评论分析的卷积神经网络模型和 LDA 主题模型，来对民宿行业各方面的服务质量进行评价；最后，对统计建模结果进行总结分析并对民宿业主和政府部门提出相关建议。

10.2　LDA 主题模型原理简介

隐含狄利克雷分布主题模型（Latent Dirichlet Allocation，LDA）由 Blei[310] 等人在 2003 年提出。是一种非监督的机器学习技术，可以用来识别大规模文档集中潜藏的主题信息。利用该模型可以找到产生文本的最佳主题和词汇，从而最大程度地挖掘文本中所蕴含的潜在主题信息。

该模型假设文档是由若干个隐含主题构成的，而这些主题是由文本中若干个特定的词汇构成的，其拓扑结构图如图 10 - 1 所示。

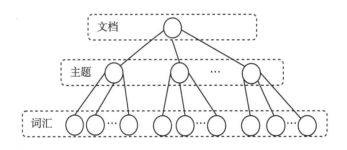

图 10 - 1　LDA 隐含主题拓扑结构图

图 10 - 2 为 LDA 模型的有向概率模型图，如图所示，LDA 模型是一个三层贝叶斯概率生成模型，把文档表示成隐含主题的概率分布，主题表示成词汇的概率分布，其中主题是对文档内容的汇集，因此模型可以很好地模拟大规模语料的语义信息[311]。

该过程中，假定文档的每个词都是以一定概率选择了某个主题，并从这个主题中以一定概率选择某个词语。每一篇文档代表了一些主题所构成的一个概

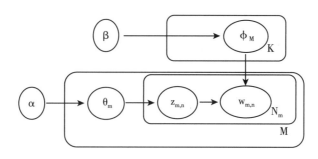

图 10 - 2　LDA 模型的有向概率图

率分布,而每一个主题又代表了很多单词所构成的一个概率分布。其具体的数学化描述如下:

(1) 对每一篇文档 d_m,根据 $N \sim Poisson(\xi)$ 生成文档 d_m 中词的数目 N_m。

(2) 对每一篇文档 d_m,根据 $\theta_m \sim Dir(\alpha)$ 生成文档 d_m 关于主题多项式分布的参数 θ_m。

(3) 对于每一个主题 z,根据 $\varphi_z \sim Dir(\beta)$ 生成主题 z 关于语料库中词多项式分布的参数 φ_z。

(4) 对于文档 d_m 的第 n 个词 $w_{m,n}$:根据多项式分布 $z_{m,n} \sim Multi(\theta_d)$,抽样得到词 $w_{m,n}$ 所属的主题 $z_{m,n}$;根据多项式分布 $w_{m,n} \sim Multi(\varphi_z)$,抽样得到具体的词 $w_{m,n}$。

过程中的符号说明见表 10 - 1:

表 10 - 1　　　　　　　　　　　符号说明

符号	含义
K	主题数量
N_m	第 m 个文档的总词数
M	语料集中文档的数量
d_m	第 m 篇文档
$w_{m,n}$	第 m 篇文档的第 n 个词
$z_{m,n}$	第 m 篇文档中的第 n 个词的主题
A	主题的先验概率,θ 的超参数
B	词汇的先验概率,φ 的超参数
θ_m	第 m 篇文档主题多项式概率分布
φ_z	第 z 个主题的词汇多项式概率分布
Dir(x)	Dirichlet 概率分布

最后,参数估计是 LDA 模型的关键步骤,并且 LDA 模型的参数无法通过直

接计算获得，往往需要使用间接推理算法对其进行估算。常用的参数估计算法有 Gibbs 抽样、EM 算法等。其中 Gibbs 抽样算法因其快速、高效等优点，而常被用于 LDA 模型的参数估算，这也是本章所采用的参数估计方法。

10.3 TextCNN 模型简介

近年来，深度学习方法在图像处理和文本分析的应用和研究上都取得了巨大的进展。起初，卷积神经网络（CNN）因其特有的卷积、池化结构可获取图像中的各种纹理、结构，并结合全连接网络完成信息的汇总和输出，而一直被广泛应用于图像处理的任务中。由于评论文本具有句子长度有限、结构紧凑、独立表达意思的特点，而卷积具有良好的局部特征提取的功能，使得 CNN 在评论文本的分析任务中相对于其他深度学习方法具有较大优势，2014 年 Kim Y[309]等人使用卷积神经网络进行文本分析（TextCNN）取得了良好的效果。

TextCNN 模型主要包括输入层、卷积层、池化层和全连接层四部分。本章所使用的模型结构如图 10-3，为便于展示，这里将词向量的维度简化为 7。

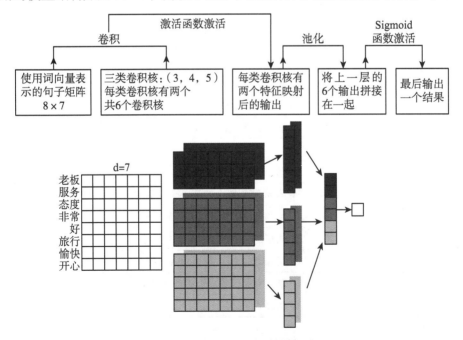

图 10-3 TextCNN 模型原理图

输入层的功能是将短文本的特征作为输入数据传入卷积神经网络模型并与下一层相连接。输入层是句子中的词语对应的词向量矩阵，当词向量为 k 维时，n 个词映射后会得到 n×k 维的矩阵，类似于一张 n×k 维的图像。用 $X_i \in R^k$ 表示句子中第 i 个词的 k 维词向量，则一个包含 n 个单词的句子可以表示成：

$$X_{1:n} = X_1 \oplus X_2 \oplus \dots \oplus X_n \qquad (10-1)$$

这里 $\oplus$ 表示拼接操作。$X_{i:i+j}$ 表示 $X_i, X_{i+1}, \dots, X_{i+j}$ 的拼接。

然后，输入层通过卷积操作得到若干个特征映射，卷积窗口的大小为 h×k，其中 h 表示纵向词语的个数，k 表示词向量的维数。通过这样一个卷积窗口，将得到若干个列数为 1 的特征映射。其中，一个卷积操作会涉及一个滤波器 $W \in R^{hk}$，运用在一个 h 个单词的窗口会产生一个新的特征。例如，c_i 特征是对单词窗口 $X_{i:I+h-1}$ 应用公式（10-2）产生的：

$$c_j = f(W \cdot X_{i:i+h-1} + b) \qquad (10-2)$$

其中 $b \in R$ 为偏置项，函数 f 是一个非线性函数。该滤波器被应用到句子中每一个可能的单词窗口中，以生成一个特征映射：

$$c = [c_1, c_2, \dots, c_{n-h+1}] \qquad (10-3)$$

其中，$c \in R^{n-h+1}$。

接下来的池化层，对前面的特征映射采用最大池化策略，即取最大的值 $\hat{c} = \max\{c\}$ 作为对应滤波器的特征，捕获最重要的特征。通过这种方式可以解决可变长度的句子输入问题，因为无论特征映射中有多少个值，只需提取其中最大的值。最终池化层的输出为各个特征映射的最大值，即一个一维的向量。

最后，池化层一维向量的输出通过全连接的方式，连接一个 Softmax 层，Softmax 层根据任务的需要设置。采用 dropout 防止过拟合，并通过 Softmax 函数计算最终要优化的代价函数。

10.4　数据来源与预处理

10.4.1　数据来源

首先通过浏览国内大型旅游预订网站：携程旅游网、艺龙网、去哪儿网和途牛旅游网，对比各网站的模块设置以及网友的评论情况，最终确定采用携程旅游网作为本章研究的样本选取网站。主要原因如下：

（1）艺龙网和途牛旅游网对于旅店住宿主要分为国际酒店和国内酒店两大类别，而携程旅游网和去哪儿网则将民宿单独分类，相比之下后两者更便于采集民宿的评论数据。

（2）在网友点评页面中，携程旅游网相较去哪儿网，能够显示各网友对于该酒店的评论及综合评分，更适用于训练合适的机器学习模型。

（3）携程旅游网在 OTA 市场中独占鳌头，是众多网友订房的首选网络平台，信息量大，更具有代表性。

为了取得足够丰富且具有代表性的样本，本章案例研究主要考虑了一些民宿发展比较成熟的旅游热门地区。通过对比城市间的民宿行业发展情况，最终选取民宿行业发展较快的杭州、上海、厦门、北京、广州、成都。这六大城市的民宿风格各异，数量众多，均受到网友的青睐，一定程度上代表了我国现阶段民宿的发展水平。

根据携程旅游网页面显示的特点，在取样过程中，对这六大城市的民宿按照受欢迎程度进行排名，选择排名靠前且有效评论数足够多（超过 50 条）的民宿作为样本。为了保证点评内容的多样化，每个城市选取了多家民宿的样本量。同时，将评论内容按照发表时间进行排序，利用网络爬虫技术抽取每个民宿 2017 年 1 月之后发表的最新评论，以获得对民宿服务质量的最新评价分析。共得到 216082 条评论，详见表 10 - 2：

表 10 - 2　　　　　　　　　　数据信息表

省份	评论条数	指标
北京	24279	
上海	25577	
广州	5934	文本评论
杭州	57657	评论打分
厦门	78363	
成都	24272	

10.4.2　文本数据预处理

针对利用爬虫获取的评论数据，首先利用 Python 的正则表达式去掉评论中的非文本数据，如网页标签、空格等。然后进行正式的文本预处理，主要包括文本分词、去停用词。本章基于隐马尔可夫模型（HMM）[307]，通过公共词库、停用词词库和自定义词库进行中文分词，经过多次迭代和词库更新，形成最终分词结果。隐马尔可夫模型是一种基于统计的机器学习算法，相对于基于字符串匹配的分词方法，它不仅考虑了词语出现的频率还考虑了上下文，具备较好的学习能力，对于歧义词的识别具有良好的效果。

本章所采用的分词工具为基于 Python 语言的 Jieba 分词开源库，利用该库的精确分词模式来完成对用户评论的短文本数据集分词步骤。研究过程中去停用词主要包括以下三类：

（1）标点符号。

（2）特殊符号，如表情图等。

（3）无意义的虚词、代词，如"我""了""的"等。

10.4.3　文本向量化

最后基于 Word2Vec 方法[308]，将分词完毕的文本转化为文本向量，存入文本向量库。该方法采用三层的神经网络，通过模型训练将每个词映射成 K 维向量，以词之间的距离来判断它们之间的语义相似度。Word2Vec 包含两种不同的方法：Continuous Bag of Words（CBOW）和 Skip – gram，本章的文本向量化过程中采用了 CBOW 方法，CBOW 的目标是根据上下文来预测当前词语的概率。起初，每个单词都是一个随机 N 维向量，经过训练之后，利用 CBOW 的方法获得了每个单词的最优向量。其优点在于考虑了语境信息的同时也对数据的规模进行了压缩。

10.5　基于 TextCNN 和 LDA 主题模型分析

10.5.1　探索性初步分析

本章对于数据的探索性分析主要包括对各大城市顾客评分分布的探索分析

和消费者评论的高频词汇分析。一方面了解数据的分布情况；另一方面，初步了解消费者的满意度情况和对民宿住宿的关注方面。

首先对网络爬取的文本数据进行初步筛选和过滤，我们通过各省市的评论评分散点图（见图10－4）初步了解所收集数据的整体情况。

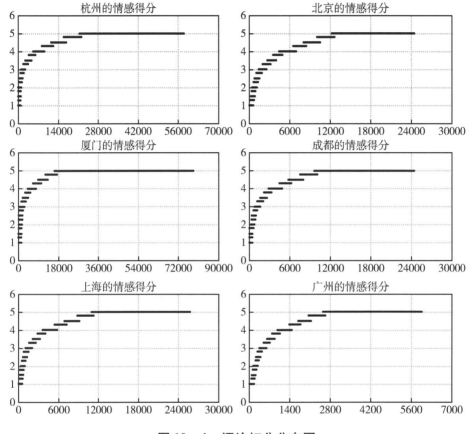

图10－4　评论打分分布图

由图可知收集的各省市评论数据评分分布大体一致，高分居多，低分较少，大部分的评分都在满分5分附近。总体上来看顾客对于民宿服务质量较为满意。

然后根据分词后的结果绘制词频统计条形图。如图10－5所示，展示了词频数前15的高频词情况：

由分词后的词频统计可知高频词主要包括民宿房间、环境、卫生、位置、店主服务态度以及一些积极的态度词等。一方面可以初步了解到消费者对民宿关注的方面主要包括民宿房间情况、店家环境卫生、民宿位置以及店主服务态度；另一方面，根据评论高频词中积极性态度词可看出大多数消费者对民宿的

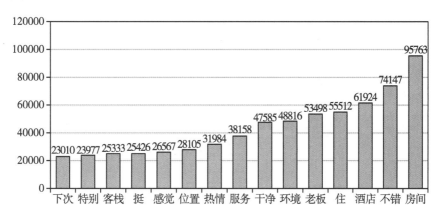

图 10 - 5　词频统计图

服务质量较为满意。

10.5.2　TextCNN 模型学习与训练

在前期文本转换为向量的基础上，运用 TextCNN 算法构建评论评分模型，并使用批梯度下降法训练模型。在所有用于训练模型的评论中，80% 用于建模，20% 用来测试模型效果。在 80% 用于建模的评论中，采用随机交叉验证法，其中 80% 用于训练模型，20% 用于评估模型每一次迭代训练的收敛效果。在训练过程中，模型所涉及的参数、方法的相关调试在考虑本文数据实际情况的基础上，参考了 Zhang Y 以及 Wallace B[312] 对卷积神经网络文本分类模型参数调试的相关研究。下面是具体的建模过程：

（1）TextCNN 模型设计。该模型共包含四层，分别为：输入层、卷积层、池化层和全连接层。首先，输入层使用由 CBOW 词嵌入的方法预训练好的词向量矩阵，完成文本到特征的转换；卷积层由 3 种不同大小的卷积核组成，每种卷积核提取出不同的局部特征；随后池化层对上一步的局部特征进行进一步的特征提取同时忽略掉一些次要信息；最后在全连接层完成特征到得分的映射，输出最终得分，模型结构见图 10 - 6。

输入层的作用是将文本的特征作为输入数据传入卷积神经网络中，而卷积神经网络最初是用来处理图像分类任务的，图像的像素数据可以直接作为二维特征数据输入到卷积神经网络之中。为了将卷积神经网络应用于文本分析，需要将文本数据处理成二维特征矩阵的形式作为模型的输入。为了完成这种文本到二维特征数据的转换，首先对文本进行清洗、分词等处理，然后使用 CBOW

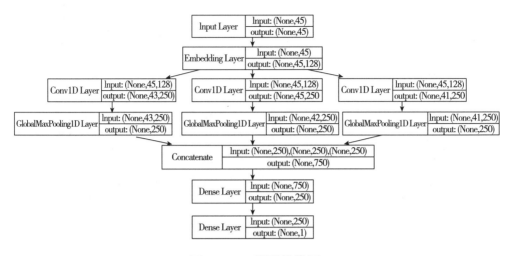

图 10 - 6　模型结构图

词嵌入的方法得到每个词的词向量，最后将文本分词后的词所对应的词向量纵向堆叠成一个二维特征矩阵。由于本章所使用的评论样本分词后长短不一，需要进行特殊处理。本章所采用的方式为前向补零处理，最终每条评论将对应到一个 45×128 的二维特征矩阵。

输入层通过卷积操作：

$$c_j = f(W \cdot X_{i:i+h-1} + b) \tag{10 - 4}$$

得到若干个特征映射，其中 b 为偏置项，函数 f 为激活函数。在神经网络模型中，常用的激活函数有多种，例如 sigmoid 函数、tanh 函数、ReLU 函数等。为了加快训练的收敛速度，本章采用 ReLU 激活函数：

$$ReLU(x) = \begin{cases} 0, if\ x \leq 0 \\ x, if\ x > 0 \end{cases} \tag{10 - 5}$$

在图像处理的任务中，每个卷积层中一般只使用相同大小的卷积核，但在文本处理中，为了最大限度地提取出文本信息，本章使用了三种不同大小的卷积核，分别为 3×128、4×128、5×128，各 250 个。因此，经过卷积后，将得到尺寸分别为 42×1、43×1、44×1 三种特征矩阵，每种特征矩阵都有 250 个。最终，卷积层将会输出 750 个特征矩阵。

为了从卷积层所得到的特征矩阵中提取出最具有代表性的局部特征，需要对这些特征矩阵进行池化操作。本章所采用的是最大池化方法，即在特征矩阵中，找寻对最终评分影响最大的因素，将其提取出来。该方法忽略次要信息，旨在提取最重要的信息，减少了参数的个数，一定程度上使模型避免了过拟合。

本章卷积层得到的三种特征矩阵经过池化层后，都将变成 1×1 的一阶矩阵，由于每种特征矩阵都有 250 个，故池化层会输出 750 个一阶矩阵。

将池化层得到的 750 个一阶矩阵拼接在一起，作为全连接层的输入，全连接层的中间层设置了 250 个神经元，同样为了加速收敛选择 ReLu 激活函数；全连接层输出层设置 1 个神经元，选择 sigmoid 激活函数，由于该函数输出结果在 0 到 1 之间，而本文数据的得分范围为 0 到 5，故将最后全连接层的输出乘以 5 即为最终的模型输出。同时，为了防止过拟合现象的出现，本章对全连接层参数进行训练时采用了 dropout 方法，即每次更新参数时，都会依概率选择一部分训练好的参数进行丢弃，这是深度学习模型训练中为避免过拟合常采用的一种手段。

（2）模型训练方法的选择。神经网络的训练所采用的方法是梯度下降法，包括批量梯度下降法，mini－batch 梯度下降法和随机梯度下降法。批量梯度下降法虽然可以获得最好的收敛效果，但该方法每次迭代都需要所有的样本参与训练，而本章的样本量巨大，若使用该方法训练模型将会十分耗时并且该过程对计算机配置有很高的要求；若采用随机梯度下降法，由于每次迭代只需要一个样本，训练速度会有很大优势并且对计算机配置要求不高，但该方法很容易收敛到局部最优解。综合考虑之下，本章最终采用 mini－batch 梯度下降法进行模型训练，该方法每次迭代仅需一小批样本，这样在保证尽量接近全局最优解的同时不会产生过大的时间开销。考虑到本章评论数目过大，每批次样本量取为 64。

（3）模型的训练及评估。在所有用于训练模型的评论中，80% 用于建模，20% 用来测试模型效果。使用批梯度下降法训练模型，总体来看，损失函数值随着训练次数的增加在下降，最终下降到 0.6 附近收敛，损失变动情况见图 10－7。模型测试集平均预测准确率 0.5518，均方误差为 0.4929。

10.5.3　LDA 主题模型建立与分析

本章对六大城市所有的预处理后的评论制作词典与语料库，将得到的文档输入 LDA 模型。利用 python 的 genism 模块，使用 tf－idf 调整词频，选用主题数目为 8 类，每类中选取 15 个出现概率最高的关键词。通过对关键词的解读，分析各类主题所具有的特征，根据每个城市具体的情况，各自在 8 个分类中最终

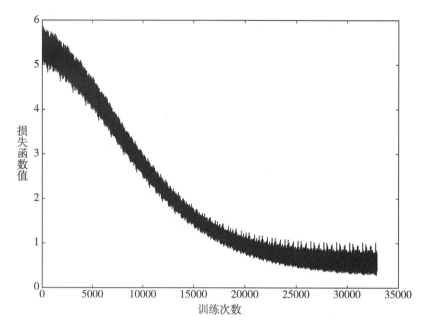

图 10 - 7　损失函数变动图

确定了 7 个或 6 个主题，其中包括客房设施、价格、周边、店家服务、餐饮、交通、环境卫生，剩余没有明显的含义的分类被归入任何主题。图 10 - 8 展示了各城市消费者评论中各主题的样本占比情况：

　　其中，杭州民宿评论主题有餐饮、店家服务、环境卫生、价格、客房设施、周边；北京的评论主题有：餐饮、店家服务、环境卫生、交通、客房设施、周边；厦门：餐饮、店家服务、环境卫生、价格、交通、客房设施、周边；成都包括店家服务、环境卫生、价格、客房设施、周边，六大方面；上海包括餐饮、店家服务、环境卫生、价格、周边，六大方面；广州包含店家服务、环境卫生、价格、客房设施、周边，六大方面。

　　由图 10 - 8 可知，消费者对杭州、北京、厦门、成都、上海、广州这六大城市评论最多的方面基本都不相同，分别为环境卫生、餐饮、店家服务、交通、店家服务、价格。

10.5.4　基于 TextCNN 与 LDA 主题模型的民宿服务质量评价

　　最后通过主题模型和训练好的 TextCNN 模型，分别对总体以及北京、上海、广州、厦门、成都、杭州民宿服务质量的相关主题进行分项打分（5 分制）结果见图 10-9 及表 10-3 至表 10-8：

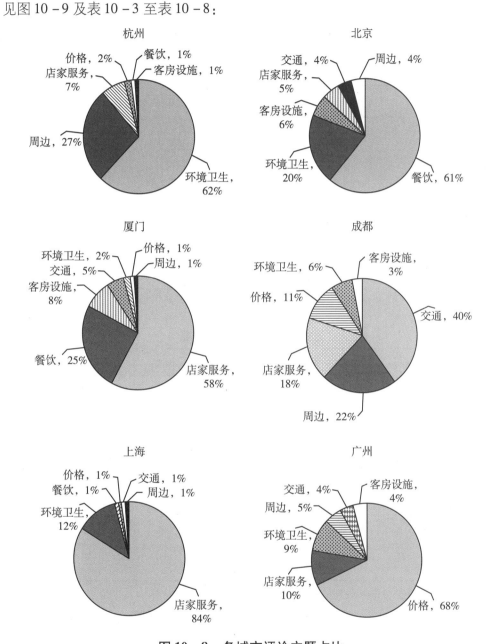

图 10-8 各城市评论主题占比

图 10-9 为各城市总体质量评分情况，北京、上海、广州、厦门、成都、杭州得分依次为：4.619642、4.617185、4.60808、4.606152、4.6131034、4.622243，可以看出各城市总体服务质量较高，消费者打分均在 4.6 分以上，其中杭州和北京分数最高、厦门相对其他城市分数最低。

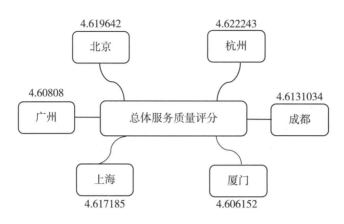

图 10 - 9   各城市总体评分

表 10 - 3 为北京市在各具体项目上的评分，根据顾客评论，消费者关注的方面主要有店家服务、客房设施、周边、交通、环境卫生和餐饮六大方面，其中消费者对其餐饮方面满意度最高，而对民宿周边评分相对较低。

表 10 - 3　　　　　　　　　　　**北京各主题项目评分结果**

	店家服务	客房设施	价格	周边	交通	环境卫生	餐饮
评分	4.61136	4.61596	—	4.61006	4.61402	4.61371	4.61907
排序	5	2	—	6	3	4	1

表 10 - 4 为上海市在各具体项目上的评分，根据顾客评论，消费者关注的方面主要有店家服务、价格、周边、交通、环境卫生和餐饮六大方面，其中消费者对其店家服务和餐饮方面满意度较高，而对民宿价格和周边评分相对较低。

表 10 - 4　　　　　　　　　　　**上海各主题项目评分结果**

	店家服务	客房设施	价格	周边	交通	环境卫生	餐饮
评分	4.62276	—	4.60818	4.60680	4.61373	4.61411	4.61643
排序	1	—	5	6	4	3	2

表 10 - 5 为成都在各具体项目上的评分，根据顾客评论，消费者关注的方面主要有店家服务、客房设施、价格、周边、交通、环境卫生六大方面，其中消费者对其店家服务的评分较高，而对民宿价格和交通评分相对较低。

表 10 - 5　　　　　　　成都各主题项目评分结果

	店家服务	客房设施	价格	周边	交通	环境卫生	餐饮
评分	4.62567	4.60685	4.60651	4.62245	4.59664	4.6241	—
排序	1	4	5	3	6	2	—

表 10 - 6 为广州在各具体项目上的评分，根据顾客评论，消费者关注的方面主要有店家服务、客房设施、价格、周边、交通、环境卫生六大方面，其中消费者对其店家服务和民宿价格方面最为满意，而对民宿客房设施和交通评分相对较低。

表 10 - 6　　　　　　　广州各主题项目评分结果

	店家服务	客房设施	价格	周边	交通	环境卫生	餐饮
评分	4.6175	4.6124	4.6160	4.6158	4.6111	4.6124	—
排序	1	5	2	3	6	4	—

表 10 - 7 为广州在各具体项目上的评分，根据顾客评论，消费者关注的方面主要有店家服务、客房设施、价格、周边、环境卫生和餐饮六大方面，其中消费者对其客房设施方面最为满意，但对店家服务方面评分相对较低。

表 10 - 7　　　　　　　杭州各主题项目评分结果

	店家服务	客房设施	价格	周边	交通	环境卫生	餐饮
评分	4.60965	4.62057	4.61572	4.61699	—	4.61277	4.61494
排序	6	1	3	2	—	5	4

表 10 - 8 为厦门在各具体项目上的评分，根据顾客评论，消费者关注的方面主要有店家服务、客房设施、价格、周边、交通、环境卫生、餐饮七大方面，其中当地民宿在餐饮和民宿价格方面获得评分较高，但在店家服务和对民宿环境卫生方面还有待改善。

表 10 - 8　　　　　　　厦门各主题项目评分结果

	店家服务	客房设施	价格	周边	交通	环境卫生	餐饮
评分	4.61082	4.60921	4.61841	4.61420	4.61091	4.61381	4.62182
排序	6	7	2	3	5	6	1

10.6　本章小结

本章以我国民宿行业发展较快的六大城市：北京、上海、广州、厦门、成都、杭州为研究对象，通过网络爬虫技术爬取携程网站民宿客栈网络评价数据。首先利用卷积神经网络的文本分析模型（TextCNN 模型）对各城市民宿服务的整体水平进行评价比较。然后通过 LDA 主题模型对各城市民宿服务质量进行深入细致的探究，探究消费者关注的具体项目并研究了各城市民宿在具体项目上的水平，从而达到从消费者的视角对民宿行业服务质量进行评价的目的。主要研究结论如下：

（1）各大城市在民宿行业的总体服务质量相当，评分均在 4.6 分（5 分制）以上，比较受消费者满意。其中，服务质量排名由高到低依次为：杭州、北京、上海、成都、广州、厦门。

（2）目前消费者关注的主要方面包括客房设施、价格、周边、店家服务、餐饮、交通、环境卫生。

（3）消费者对杭州、北京、厦门、成都、上海、广州评论最多的方面基本各不相同。六大城市评论最多的方面分别为环境卫生、餐饮、店家服务、交通、店家服务、价格。

（4）各城市在顾客关注的具体项目上各有短板和优势。一方面，北京和上海的民宿周边相对较差，成都和广州在交通方面需要改善，杭州在店家服务上需要加强，厦门在客房设施和店家服务方面有待提高。另一方面，上海、成都、广州都在店家服务方面相对于其他方面更令顾客满意；北京、厦门则在餐饮方面更受顾客好评；杭州的客房设施和民宿周边相对于其他城市做得更好。

根据以上对于民宿服务质量的研究分析，本章分别对民宿业主和相关政府部门提出如下建议：

从总体评价来看，顾客对于各个热门旅游城市的民宿满意度较高。从分主题挖掘和打分结果来看，目前消费者关注的主要方面包括客房设施、价格、周边、店家服务、餐饮、交通、环境卫生。根据消费者所关注的方面，对于民宿业主来说想要从众多竞争中脱颖而出，民宿业主应在客房设施、店家服务、餐饮、环境卫生等各方面有所突破，为消费者提供更好的服务。基于具体的研究的结果，对于业主的具体建议如下：

（1）民宿的地点要考虑到顾客的观光需求，尽可能靠近当地景区，或者民宿业主能够提供便利的交通服务。

（2）民宿大多是住宅改建而成，隔音通常不太好，民宿业主可以在此方面加以改进。

（3）根据消费者偏好提供个性化服务，为消费者提供热情、温馨的店家服务态度的同时保证价格的合理性。

（4）完善住房设施，加强环境卫生、餐饮配置的改善，提供给消费者舒适干净的居住环境。

民宿作为近年来发展起来的一种生活性服务业，其管理和相关法律法规还存在不完善的地方。民宿的优点在于较低的价格和优质的服务，但相对于酒店来说，民宿目前存在的问题也很多，一是安全性问题；二是部分价格不合理；三是环境卫生需加强管理。基于我们的研究结果和相关资料对民宿业管理部门建议如下：

（1）政府部门应该进行民宿价格的管理和控制，规范民宿业主定价，保障消费者权益。

（2）对于经营民宿的业主，其身份和个人信息应该登记在册，受政府部门的监督，从而更好地保障顾客安全。

（3）相关部门应加强对民宿环境卫生的监管力度，落实卫生监管规范化细则，保障民宿行业卫生质量。

（4）另外各地相关部门可根据消费者关注的客房设施、价格、周边、店家服务、餐饮、交通、环境卫生七大方面制定评分权重细则，给当地各民宿打分分级。一方面促使民宿业主不断改善自身不足；另一方面便于规范化管理。

参考文献

[1] 廖晓昕. 动力系统的稳定性理论和应用 [M]. 北京: 国防工业出版社, 2000.

[2] 黄琳. 稳定性理论 [M]. 北京: 北京大学出版社, 1992.

[3] Ito K. On stochastic differential equations. Mem. Amer. Math. Soc., 1951.

[4] Zeng Z., Wang J., Liao X. Global exponential stability of general class of recurrent neural networks with time – varying delays. IEEE Trans. Circuits Syst. I: Reg. papers, 2003, 50 (10): 1353 – 1358.

[5] 张化光. 递归时滞神经网络的综合分析与动态特性研究 [M]. 北京: 科学出版社, 2008.

[6] Zeng Z., Wang J. Improved conditions for global exponential stability of recurrent neural networks with time – varying delays. IEEE Trans. Neural Netw., 2006, 17 (3): 623 – 635.

[7] 胡守仁. 神经网络应用技术 [M]. 北京: 国防科技大学出版社, 1995.

[8] Xu S., Lam J., Ho D. W. C. Delay – dependent asymptotic stability of neural networks with time – varying delays. Int. J. Bifurcat. Chaos. Appl. Sci. Eng., 2008, 18 (1): 245 – 250.

[9] 郭雷, 郭宝龙. 神经网络计算理论 [M]. 北京: 科学出版社, 2000.

[10] Haykin S., McMaster, 神经网络与机器学习 (英文版, 第 3 版) [M]. 北京: 机械工业出版社, 2009.

[11] Xu S., Lam J., Zhong M. New exponential estimates for time – delay systems. IEEE Trans. Automat. Contr., 2006, 51 (9): 1501 – 1505.

[12] 阮炯, 顾凡及, 蔡志杰. 神经动力学模型 [M]. 北京: 科学出版社, 2002.

[13] Liao X., Wang J., Zeng Z. Global asymptotic stability and global exponential stability of delayed cellular neural networks. IEEE Trans. Circuits Syst. – II:

Exp. briefs. 2005, 52（7）: 403 – 409.

［14］Zhu Q., Cao J. Stability analysis for stochastic neural networks of neutral type with both Markovian jump parameters and mixed time delays. Neurocomputing, 2010（73）: 2671 – 2680.

［15］Sun Y., Cao J. Stabilization of stochastic delayed neural networks with Markovian switching. Asian J. Control, 2008, 110（3）: 327 – 340.

［16］戴喜生，邓飞其. 非线性积分微分随机系统的完全可控性［J］. 华南理工大学学报（自然科学版），2010, 38（6）: 55 – 59.

［17］魏波，季海波. 模型不确定非线性随机系统的鲁棒性能准则设计［J］. 系统科学与数学，2007, 27（3）: 422 – 430.

［18］罗琦，邓飞其，毛学荣，包俊东，张雨田. 随机反应扩散系统稳定性的理论与应用［J］. 中国科学 E 辑，2007, 37（10）: 968 – 977.

［19］Ji H., Xi H. Adaptive output – feedback tracking of stochastic nonlinear systems. IEEE Trans. Automat. Contr., 2006, 51（2）: 355 – 360.

［20］余莎丽，邓飞其. 不确定线性时滞随机系统的最优保性能控制［J］. 自动化技术与应用，2008, 27（2）: 16 – 18.

［21］孙敏慧，徐胜元，邹云. 随机马尔可夫跳跃系统的输出反馈镇定［J］. 南京理工大学学报：自然科学版，2007, 31（3）: 270 – 273.

［22］罗琦，张雨田. 随机微分系统的耗散性［J］. 南京航空航天大学学报，2006, 38（B07）: 172 – 176.

［23］Lasalle J. P. The stability of dynamical systems. SIAM, 1967.

［24］沈轶，江明辉，廖晓昕. 随机中立型泛函微分方程的 Lasalle 定理［J］. 控制理论与应用，2006, 23（2）: 221 – 224.

［25］Mao X., Shen Y., Yuan C. Almost surely asymptotic stability of neutral stochastic differential delay equations with Markovian switching. Stoch. Proc. Appl., 2008, 118（8）: 1385 – 1406.

［26］Mao X. A note on the LaSalle – type theorems for stochastic differential delay equations. Math. Anal. Appl., 2002, 268（1）: 125 – 142.

［27］Shen Y., Luo Q., Mao X. The improved LaSalle – type theorems for stochastic functional differential equations. Math. Anal. Appl., 2006, 318（1）: 134 – 154. Mao X. Stochastic versions of the LaSalle theorem. J. Differential Equations,

1999, 153 (1): 175 – 195.

［28］ Mao X. The LaSalle – type theorems for stochastic functional differential equations. Nonlinear Stud. , 2000 (7): 307 – 328.

［29］ Li X. , Mao X. The improved LaSalle – type theorems for stochastic differential delay equations. Stoch. Anal. Appl. , 2012 (30): 568 – 589.

［30］ Kolmanovskii N. Stability of Functional Differential Equations. London: Academic Press, 1986.

［31］ 胡适耕，黄乘明，吴付科. 随机微分方程 ［M］. 北京：科学出版社，2008.

［32］ Mao X. Stochastic differential equations and applications. 2nd Edition, Horwood, 2007.

［33］ 沈轶，廖晓昕. 随机中立型泛函微分方程指数稳定的 Razumikhin 型定理 ［J］. 科学通报，1998, 4 (21): 2272 – 2275.

［34］ Wu S. , Li C. , Liao X. , Duan S. , Exponential stability of impulsive discrete systems with time delay and applications in stochastic neural networks: A Razumikhin approach. Neurocomputing, 2012 (82): 29 – 36.

［35］ Mao X. Razumikhin – type theorems on exponential stability of neutral stochastic functional differential equations. SIAM J. Math. Anal. , 1997, 28 (2): 389 – 401.

［36］ Randielovi J. , Janković S. On the pth moment exponential stability criteria of neutral stochastic functional differential equations. Math. Anal. Appl. , 2007, 326 (1): 266 – 280.

［37］ 俞立. 鲁棒控制—线性矩阵不等式处理方法 ［M］. 北京：清华大学出版社，2002.

［38］ Xu S. , Lam J. , Mao X. , Zou, Y. A new LMI condition for delay – dependent robust stability of stochastic time – delay systems. Asian J. Control, 2005, 7 (4): 419 – 423.

［39］ Lee T. H. , Park J. H. , Kwon O. M. , Lee S. M. Stochastic sampled – data control for state estimation of time – varying delayed neural networks. Neural Networks, 2013 (46): 99 – 108.

［40］ Wang Z, Shu H, Fang J, Liu X. Robust stability for stochastic Hopfield neural networks with time delays. Nonlinear Analysis: Real World Appllications, 2006 (7): 1119 – 1128.

[41] Li C, Liao X. Robust stability and robust periodicity of delayed recurrent neural networks with noise disturbance, IEEE Transactions on Circuits and Systems I, 2006 (53): 2265 – 2273.

[42] Gan Q. Global exponential synchronization of generalized stochastic neural networks with mixed time – varying delays and reaction – diffusion terms. Neurocomputing, 2012 (89): 96 – 105.

[43] Zhu Q., Li X., Exponential and almost sure exponential stability of stochastic fuzzy delayed Cohen – Grossberg neural networks. Fuzzy Sets and Systems, 2012 (203): 74 – 94.

[44] Glasserman P. Monte Carlo Methods in Financial Engineering, Springer – Verlag, Berlin, 2004.

[45] Kloeden P. E., Platen E., Schurz H. Numerical solution of SDE through computer experiments. Second Printing, Springer – Verlag, Berlin, 1997.

[46] Schurz H. Stability, stationarity, and boundedness of some implicit numerical methods for stochastic differential equations and applications. Logos Verlag, Berlin, 1997.

[47] Kloeden P. E., Platen E. Numerical solution of stochastic differential equations. Third Printing, Springer, Berlin, 1999.

[48] Milstein G. N. Numerical integration of stochastic differential equations. Kluwer, Dordrecht, 1995.

[49] 阎平凡, 张长水. 人工神经网络与模拟进化计算 [M]. 北京: 清华大学出版社, 2000.

[50] 韩力群. 人工神经网络理论、设计及应用 [M]. 北京: 化学工业出版社, 2007.

[51] 贾永锋. 数控设备机械故障预测中的人工神经网络技术 [J]. 自动化与仪器仪表, 2013 (2): 118 – 120.

[52] 杨建刚. 人工神经网络实用教程 [M]. 杭州: 浙江大学出版社, 2001.

[53] 侯媛彬, 杜京义, 汪梅. 神经网络 [M]. 西安: 西安电子科技大学

出版社，2007.

[54] 马锐. 人工神经网络原理 ［M］. 北京：机械工业出版社，2010.

[55] 王旭，王宏，王文辉. 人工神经元网络原理与应用 ［M］. 沈阳：东北大学出版社，2000.

[56] MeCulloeh. W, Pitts W. A logicals caleulus of the ideas imminet in nervous activity. Bulletin of Mathematical Biophysics, 1943 (5): 115 – 133.

[57] Hebb D. O. The Organization of Behaviour. New York: Wiley, 1949.

[58] Rosenblatt F. The perceptron: a probalilistic model for information storage and organization in the brain. Psychological Reviews, 1958 (65): 386 – 408.

[59] Widrow B, Hoff M. Adaptive switching circuit, IRE WESCON convertion reeord: part 4. Computers: Man – machine Systems. Los Angeles, 1960: 96 – 104.

[60] Minsky M, Papert S. Perceptrons, Cambridge, MA: MIT Press, 1969.

[61] Hopfied J. Neural networks and Physical systems with emegrent colleetive computational abilities. Proeeeding Nation Academy Science USA, 1982 (79): 2554 – 2558.

[62] Hopfied J. Neurons with graded response have collective computational properties like those of two – stage neurons. Proeeeding Nation Academy Science USA, 1984 (81): 3088 – 3092.

[63] Hinton G, Sejnowski T, Ackley D. Boltzmann machines: constraint satisfaction networks tha learn. Carnegie – Mellon University, Technical Report CMU – CS, 1984: 84 – 119.

[64] Chua L, Yang L. Cellular neural networks: theory. IEEE Transactions on Circuits and Systems I, 1988 (35): 1257 – 1272.

[65] Chua L, Yang L. Cellular neural networks: applications. IEEE Transactions on Circuits and Systems I. 1988 (35): 1273 – 1290.

[66] Kosko B. Adaptive bidirectional associative memories. Applied Optics, 1987 (26): 4947 – 4960.

[67] Kosko B. Bidirectional associative memories. IEEE Transactions on Systems, Man, and Cybernetics, 1988 (18): 49 – 60.

[68] Grossberg S. Nonlinear neural networks: principles, mechanisms, and architectures. Neural networks, 1988 (1): 17 – 61.

［69］ Cohen M, Grossberg S. Absolute stability and global pattern formation and parallel memory storage by competitive neural networks. IEEE Transactions on Systems, Man, and Cybernetics, 1983（13）: 815 – 826.

［70］ Rosla T, Wu C, Chua L. Stability of cellular neural networks with dominant nonlinear and delay type templates. IEEE Transactions on Circuits and Systems I, 1993（40）: 270 – 272.

［71］ Gilli M. Stability of cellular neural networks and delay cellular neural netoworks with nonpositive templates and nonmonotonic output functions. IEEE Transactions on Circuits and Systems I, 1994（41）: 518 – 528.

［72］ Roska T, Chua L. Cellular neural networks with nonlinear and delay type template elements and non – uniform grids. International Journal of Circuit Theory and Applications, 1992（20）: 469 – 481.

［73］ Zeng Z, Wang J. Complete stability of cellular neural networks with time – varying delays. IEEE Transactions on Circuits and Systems I, 2006（53）: 944 – 955.

［74］ Zhang H, Wang Z, Liu D. Global asymptotic stability of recurrent neural networks with multiple time – varying delays. IEEE Transactions on Neural Networks, 2008（19）: 855 – 873.

［75］ Jiang M, Shen Y, Liao X. Boundedness and global exponential stability for generalized Cohen – Grossberg neural networks with variable delay. Applied Mathematics and Computation, 2006（172）: 379 – 393.

［76］ Zhu E, Zhang H, Wang Y, Zou J, Yu Z, Hou Z. Pth moment exponential stability of stochastic Cohen – Grossberg neural networks with time – varying delays. Neural Processing Letters, 2007（26）: 191 – 200.

［77］ Liu Y, Wang Z, Liu X. Global exponential stability of generalized recurrent neural networks with discrete and distributed delays. Neural Networks, 2006（19）: 667 – 675.

［78］ He Y, Liu. G, Rees D, Wu M. Stability analysis for neural networks with time – varying interval delay. IEEE Transactions on Neural Networks, 2007（18）: 1850 – 1854.

［79］ Zhang B, Xu S, Lee Y. Z. Improved delay – dependent exponential stability criteria for discrete time recurrent neural networks with time – varying delays. Neurocomputing, 2008 (72): 321 –330.

[80] Huang H, Feng G. Delay – dependent stability for uncertain stochastic neural networks with time varying delay. Physica A, 2007 (381): 93 –103.

[81] Zhang H, Liao X. LMI – based robust stability analysis of neural networks with time – varying delay. Neurocomputing, 2005 (67): 306 –312.

[82] Wang Z, Liu Y, Fraser K, Liu X. Stochastic stability of uncertain Hopfield neural networks with discrete and distributed delays. Physics Letters A, 2006 (354): 288 –297.

[83] Chen T, Rong L. Robust global exponential stability of Cohen – Grossberg neural networks with time delays. IEEE Transactions on Neural Networks, 2004 (15): 203 –206.

[84] Lou X, Cui B. Stochastic exponential stability for Markovian jumping BAM neural networks with time varying delays. IEEE Transactions on Systems, Man, and Cybernetics, 2007 (37): 713 –719.

[85] Huang H, Qu Y, Li X. Robust stability analysis of switched Hopfield neural networks with time varying delay and uncertainty. Physics Letters A, 2005 (345): 345 –354.

[86] Yuan K, Cao J, Li H. Robust stability of switched Cohen – Grossberg neural networks with mixed time varying delays. IEEE Transactions on Systems, Man, and Cybernetics, 2006 (36): 1356 –1363.

[87] Wang Z, Liu Y, Liu X. State estimation for jumping recurrent neural networks with discrete and distributed delays. Neural Networks, 2009 (22): 41 –48.

[88] Stoica A. M, Yaesh I. Markovian jump delayed Hopfield networks with multiplicative noise. Automatica, 2008 (44): 2157 –2162.

[89] Forti. M, Nistri P. Global convergence of neural networks with discontinuous neuron activations. IEEE Transactions on Circuits and Systems I, 2003 (50): 1421 –1435.

[90] Forti M, Grazzini M, Nistri P, Pancioni L. Generalized Lyapunvon approach for convergence of neural networks with discontinuous neuron or non – Lipschitz activations. Physica D, 2006 (214): 88 –99.

[91] Forti M. Mmatrices and global convergence of discontinuous neural networks.

International Journal of Circuit Theory and Applications, 2007 (35): 105 – 130.

[92] Lu W, Chen T. Dynamical behaviors of Cohen – Grossberg neural networks with discontinuous avtivation functions. Neural Networks, 2005 (18): 231 – 242.

[93] Forti M, Nistri P, Papini P. Global exponential stability and global convergence in finite time of delayed neural networks with infinite gain. IEEE Transactions on Neural Networks, 2005 (16): 1449 – 1463.

[94] Lu W, Chen T. Dynamical behaviors of delayed neural networks with discontinuous avtivation functions. Neural Computation, 2006 (18): 683 – 708.

[95] Li L, Huang L. Dynamical behaviors of a class of recurrent neural networks with discontinuous neuron activations. Applied Mathematical Modelling, 2009 (33): 4326 – 4336.

[96] Huang L., Deng F. Razumikhin – type theorems on stability of neutral stochastic functional differential equations. IEEE Trans. Automat. Contr., 2008, 53 (7): 1718 – 1723.

[97] Zhou S., Hu S. Razumikhin – type theorems of neutral stochastic functional differential equations. Acta Math. Sci., 2009, 29B (1): 181 – 190.

[98] Astrom K. J. Introduction to stochastic control theory. New York: Dover Publications, 1970.

[99] Φksendal B. Stochastic diffrential equations – an introduction with applications. Springer – Verlag Berlin Heidelberg, 1998.

[100] Kushner H. Stochastic stability and control. Academic Press, New York, 1967.

[101] Arnold L. Stochastic differential equations: theory and applications. Wiley, New York, 1972.

[102] Friedman A. Stochastic differential equations and their applicaitons. Academic Press, New York, 1976.

[103] Sobczyk K. Stochastic differential equations with applications to Physics and Engineering. Kluwer Academic, Dordrecht, 1991.

[104] Yin J., Mao X., Wu F. Generalized stochastic delay Lotka – Volterra systems. Stochastic Models, 2009, 25 (3): 436 – 454.

[105] Bahar A., Mao X. Stochastic delay population dynamics. International J.

Pure Appl. Math. , 2004（11）：377 – 400.

［106］ Bahar A. , Mao X. Stochastic delay Lotka – Volterra model. Math. Anal. Appl, 2004, 292（2）：364 – 380.

［107］ 魏冬梅，张启敏. 带有 Markovian 调制和 Poisson 跳的随机两种群捕食系统 near – optimal 捕获问题［J］. 河南师范大学学报：自然科学版，2013（1）：1 – 5，10.

［108］ Mao X. , Yuan C. , Zou J. Stochastic differential delay equations of population dynamics. Math. Anal. Appl. , 2005, 304（1）：296 – 320.

［109］ Pang S. , Deng F. , Mao X. Asymptotic property of stochastic population dynamics. Dynam. Contin. Discrete Impuls. Syst. Ser. A Math. Anal. , 2008（15）：603 – 620.

［110］ Luo Q. , Mao X. Stochastic population dynamics under regime switching II. Math. Anal. Appl. , 2009, 355（2）：577 – 593.

［111］ Luo Q. , Mao X. Stochastic population dynamics under regime switching. Math. Anal. Appl. , 2007, 334（1）：69 – 84.

［112］ Li X. , Jiang D. , Mao X. Population dynamical behavior of Lotka – Volterra system under regime switching. Comput. Appl. Math. , 2009, 232（2）：427 – 448.

［113］ Wang W. , Zhang C. Preserving stability implicit Euler method for nonlinear Volterra and neutral functional differential equations in Banach space. Numer. Math. , 2010（115）：451 – 474.

［114］ Li D. , Zhang C. Split Newton iterative algorithm and its application. Appl. Math. Comput. , 2010, 217（5）：2260 – 2265.

［115］ Zhang L. , Zhang C. , Zhao D. Hopf bifurcation analysis of integro – differential equation with unbounded delay. Appl. Math. Comput. , 2011, 217（10）：4972 – 4979.

［116］ Zhang C. ；Chen H. Block boundary value methods for delay differential equations. Appl . Numer. Math. , 2010, 60（9）：915 – 923.

［117］ Hu P. , Huang C. Analytical and numerical stability of nonlinear neutral delay integro – differential equations. J. Franklin Institute, In Press, online 21 April, 2011.

［118］ Li W. , Huang C. Gan S. Delay – dependent stability analysis of trapezium rule for second order delay differential equations with three parameters. J. Franklin Institute, 2010, 347 (8): 1437 – 1451.

[119] El – Sayed A. M. A. , El – Kalla I. L. , Ziada E. A. A. Analytical and numerical solutions of multi – term nonlinear fractional orders differential equations. Appl. Numer. Math. , 2010, 60 (8): 788 – 797.

[120] Minamoto T. , Nakao M. T. A numerical verification method for a periodic solution of a delay differential equation. Comput. Appl. Math. , 2010, 235 (3): 870 – 878.

[121] Wen L. , Yu Y. The analytic and numerical stability of stiff impulsive differential equations in Banach space. Appl. Math. Lett. , In Press, Accepted Manuscript, Available online 4 May, 2011.

[122] Liang H. , Song M. , Liu M. Stability of the analytic and numerical solutions for impulsive differential equations. Appl. Numer. Math. , In Press, Accepted Manuscript, Available online 22 December, 2010.

[123] Khas'minskii R Z. Stochastic stability of differential equations. Rockville: S and N international publisher, 1980.

[124] Protter P. E. Stochastic integration and differential equations. Springer, Berlin, 2004.

[125] Mao X. Exponential Stability of Stochastic Differential Equations. Marcel Dekker, New York, 1994.

[126] Has'minskii R. Z. Stochastic stability of differential equations. Sijthoff and Noordhoff, Alphen, 1981.

[127] Mao X. , Yuan C. Stochastic differential equations with Markovian switching. Imperial College Press, 2006.

[128] Kolmanovskii V. B. , Nosov V. R. Stability and periodic modes of control systems with after effect. Nauka: Moscow, 1981.

[129] 沈轶, 张玉民, 廖晓昕. 中立型随机泛函微分方程的稳定性 [J]. 数学物理学报, 2005, 25A (3): 323 – 330.

[130] Mao X. Exponential stability in mean square of neutral stochastic differential functional equations. Systems & Control Letters, 1995, 26 (4): 245 – 251.

[131] Maruyama G. Continuous Markov processes and stochastic equations.

Rend. Circolo Math. Palermo, 1955 (4): 48 – 90.

[132] Milstein G. N. Approximate integration of stochastic differential equations. Theor. Prob. Appl. 1974, 19 (3): 557 – 562.

[133] Rumelin W. Numerical treatment of stochastic differential equations. SIAM J. Numer. Anal. , 1982, 19 (3): 604 – 613.

[134] Platen E. Zur zeitdiskreten approximation von Itoprozessen. Diss. B. , IMath, Akademie der Wissenschaften der DDR, Berlin, 1984.

[135] Burrage K. , Burrage P. M. High strong order explicit Runge – Kutta methods for stochastic ordinary differential equations. Appl. Numer. Math. 1996, 22 (1): 81 – 101.

[136] Chang C. C. Numerical solution of stochastic differential equations with constant diffusion coefficients. Math. Comput. 1987, 49 (180): 523 – 542.

[137] Milstein G. N. , Platen E. , Schurz H. Balanced implicit methods for stiff stochastic systems. SIAM J. Numer. Anal. , 1998, 35 (3): 1010 – 1019.

[138] Milstein G. N. , Repin Y. , Tretyakov M. V. Numerical methods for stochastic systems preserving symplectic structure. SIAM J. Numer. Anal. , 2002, 40 (4): 1583 – 1604.

[139] Higham D. J. , Mao X. , Stuart A. M. Strong convergence of Euler – type methods for nonlinear stochastic differential equations. SIAM J. Numer. Anal. , 2002, 40 (3): 1041 – 1063.

[140] Ding X. , Wu K. , Liu M. Convergence and stability of the semi – implicit Euler method for linear stochastic delay integro – differential equations. Int. J. Comput. Math. , 2006 (83): 753 – 763.

[141] Liu M. Z. , Cao W. R. , Fan Z. C. Convergence and stability of the semi – implicit Euler method for a linear stochastic differential delay equation. Comput. Appl. Math. , 2004, 170 (2): 255 – 268.

[142] Wang Z. , Zhang C. An analysis of stability of Milstein method for stochastic differential equations with delay. Comput. Math. Appl. , 2006, 51 (9 – 10): 1445 – 1452.

[143] Zhang H. , Gan S. , Hu L. The split – step backward Euler method for linear stochastic delay differential equations. Comput. Appl. Math. , 2009, 225

（2）：558 – 568.

［144］Buckwar E. The Theta – Maruyama scheme for stochastic functional differential equations with distributed memory term. Monte Carlo Methods Appl. , 2004, 10 （3 – 4）：235 – 244.

［145］Buckwar E. One – step approximations for stochastic functional differential equations. Appl. Numer. Math. , 2006 （56）：667 – 681.

［146］Burrage K. , Tian T. H. Stimy accurate Runge – Kutta Methods for stilr Stochastic differential equations. Comput. Phys. Commun. , 2001, 142：186 – 190.

［147］Burrage K. , Tian T. H. Implicit stochastic Runge – Kutta methods for stochastic differential equations. BIZ, 2004, 44 （1）：21 – 39.

［148］Baker C. T. H. , Tang A. Stability analysis of continuous implicit Runge – Kutta methods for Volterra integro – differential systems with unbounded delays. Appl. Numer. Math. , 1997, 24 （2 – 3）：153 – 173.

［149］Baker C. T. H. , Buckwar E. Exponential stability in pth mean of solutions, and of convergent Euler – type solutions of stochastic delay differential equations. Comput. Appl. Math. , 2005, 184 （2）：404 – 427.

［150］Chang M. , Discrete approximations for controlled stochastic systems with memory：a survey, Stochastic Analysis and Applications, 2012, 30 （4）：675 – 724.

［151］C. T. H. Baker, E. Buckwar Weak discrete time approximation of stochastic differential equations with time delay. LMS J. Comput. Math. , 2000 （3）：315 – 335.

［152］Buckwar E. Introduction to the numerical analysis of stochastic delay differential equations . Comput. Appl. Math. , 2000, 125 （2）：297 – 307.

［153］Küchler U. , Platen E. Strong discrete time approximation of stochastic differential equations with time delay. Math. Comput. Simulat. , 2000, 54 （1 – 3）：189 – 205.

［154］Saito Y. , Mitsui T. Stability analysis of numerical schemes for stochastic differential equations. SIAM J. Numer. Anal. , 1996, 33 （6）：2254 – 2267.

［155］Tian T. H. , Burrage K. Implicit Taylor methods for stiff stochastic differential equations. Appl. Numer. Math. , 2001, 38 （1 – 2）：167 – 185.

［156］Janković S. , Ilić D. An analytic approximate method for solving stochastic integrodifferential equations. Math. Anal. Appl. , 2006, 320 (1): 230 –245.

[157] Janković S. , Ilić D. An analytic approximation of solutions of stochastic differential equations. Comput. Math. Appl. , 2004, 47 (6 –7): 903 –912.

[158] Janković S. , Ilić D. One linear analytic approximation for stochastic integrodifferential equations. Acta Math. Sci. , 2010, 30B (4): 1073 –1085.

[159] Milošvić M. , Jovanović M. , Janković S. An approximate method via Taylor series for stochastic functional differential equations. Math. Anal. Appl. , 2010, 363 (1): 128 –137.

[160] Cao W. T –stability of the semi –implicit Euler method for delay differential equations with multiplicative noise. Appl. Math. Comput. , 2010, 216 (3): 999 –1006.

[161] Talay D. Approximation of upper Lyapunov exponents of bilinear stochastic differential systems. SIAM J. Numer. Anal. , 1991, 28 (4): 1141 –1164.

[162] Mao X. Numerical solutions of stochastic fuctional differential equations. LMS J. Comput. Math. , 2003 (6): 141 –161.

[163] Mao X. , Sabanis S. Numerical solutions of stochastic differential delay equations under local Lipschitz condition. Comput. Appl. Math. , 2003, 151 (1): 215 –227.

[164] Mao X. Numerical solutions of stochastic differential delay equations under the generalized Khasminskii –type conditions. Appl. Math. Comput. , 2011, 217 (12): 5512 –5524.

[165] Wu F. , Mao X. Numerical solutions of neutral stochastic functional diffrential equations . SIAM J. Numer. Anal. , 2008, 46 (4): 1821 –1841.

[166] Yuan C. , Mao X. A note on the rate of convergence of the Euler –Maruyama method for scholastic differential equations. Stoch. Anal. Appl. , 2008, 26 (2): 325 –333.

[167] Higham D. J. Mean –square and asymptotic stability of the stochastic theta method. SIAM J. Numer. Anal. , 2000, 38 (3): 753 –769.

[168] Higham D. J. An algorithmic introduction to numerical simulation of stochastic differential equations. SIAM Rev. , 2002, 43 (3): 525 –546.

[169] Higham D. J. , Mao X. Convergence of Monte Carlo simulations involving

the mean – reverting square root process. J. Comput. Financ. , 2005, 8 (3): 35 – 61.

[170] Higham D. J. , Mao X. , Yuan C. Almost sure and moment exponential stability in the numerical simulation of stochastic differential equations. SIAM J. Numer. Anal. , 2007, 45 (2): 592 – 609.

[171] Higham D. J. , Mao X. , Stuart A. M. Exponential mean square stability of numerical solutions to stochastic diffrential equations. London Mathematical Society, Comput . Math. , 2003 (6): 297 – 313.

[172] Mao X. Exponential stability of equidistant Euler – Maruyama approximations of stochastic differential delay equations. Comput. Appl. Math. , 2007, 200 (7): 297 – 316.

[173] Seroka E. , Socha L. Mean – Square Stability of Two – Time Scale Linear Stochastic Hybrid Systems. Procedia IUTAM, 2013 (6): 194 – 203.

[174] Wu X. , Zhang W. , Tang Y. , pth Moment stability of impulsive stochastic delay differential systems with Markovian switching. Commun Nonlinear Sci Numer Simulat. , 2013 (18): 1870 – 1879.

[175] Gray A. , Greenhalgh D. , Mao X. , Pan J. , The SIS epidemic model with Markovian switching. J. Math. Anal. Appl. , 2012 (394): 496 – 516.

[176] Nguyena S. , Yin G. , Pathwise convergence rates for numerical solutions of Markovian switching stochastic differential equations. Nonlinear Analysis: Real World Applications, 2012 (13): 1170 – 1185.

[177] Li B. , Xu D. , Exponential p – stability of stochastic recurrent neural networks with mixed delays and Markovian switching. Neurocomputing, 2013 (103): 239 – 246.

[178] Chen Y. , Zheng W. , Stochastic state estimation for neural networks with distributed delays and Markovian jump. Neural Networks, 2012 (25): 14 – 20.

[179] Tian J. , Li Y. , Zhao J. , Zhong S. , Delay – dependent stochastic stability criteria for Markovian jumping neural networks with mode – dependent time – varying delays and partially known transitionrates. Appl. Math. Comput. , 2012 (218): 5769 – 5781.

[180] Bao J. , Mao X. , Yuan C. , Lyapunov exponents of hybrid stochastic heat equations. Systems & Control Letters, 2012 (61): 165 – 172.

［181］Kazangey T. , Sworder D. D. Effective federal policies for regulating residential housing. In：Proceedings of the Summer Computer Simulation Conference, 1971：1120 – 1128.

［182］Athans M. Command and control（C2）theory：a challenge to control science. IEEE Trans. Automat. Control, 1987（32）：286 – 293.

［183］Mariton M. Jump linear systems in automatic control. Marcel Dekker, NewYork, 1990.

［184］Shaikhet L. Stability of stochastic hereditary systems with Markov switching. Stochastic Process. , 1996, 2（18）：180 – 184.

［185］Kolmanovskii V. , Koroleva N. , Maizenberg T. , Mao X. , Matasov A. Neutral stochastic differential delay equation with Markovian switching. Stoch. Anal. Appl. , 2003, 21（4）：839 – 867.

［186］Mao X. Robustness of stability of stochastic differential delay equations with Markovian switching. SACTA, 2000, 3（1）：48 – 61.

［187］Mao X. , Matasov A. , Piunovkiy A. B. Stochastic differential delay equations with Markovian switching. Bernoulli, 2000（6）：73 – 90.

［188］Luo J. , Zou J. , Hou Z. Comparison principle and stability criteria for stochastic delay differential equations with Markovian switching. Sci. China, 2003, 46（1）：129 – 138.

［189］Yuan C. , Mao X. Convergence of the Euler – Maruyama method for stochastic differential equations with Markovian switching. Math. Comput. Simulat. , 2004（64）：223 – 235.

［190］Rathinasamy A. , Balachandran K. Mean square stability of semi – implicit Euler method for linear stochastic differential equations with multiple delays and Markovian switching. Appl. Math. Comput. , 2008, 206（2）：968 – 979.

［191］Rathinasamy A. , Balachandran K. Mean – square stability of Milstein method for linear hybrid stochastic delay integro – differential equations. Nonlinear Analysis：Hybrid Systems, 2008, 2（4）：1256 – 1263.

［192］Li B. , Hou Y. Convergence and Stability of numerical solutions to SDDEs with Markovian switching. Appl. Math. Comput. , 2006, 175（2）：1080 – 1091.

［193］Mao X. , Truman A. , Yuan C. Euler – Maruyama approximations in mean – reverting stochastic volatility model under regime – switching. Appl. Math. Stoch. Anal. , 2006, 2006: 1 – 20.

［194］ Mao X. , Yuan C. , Yin G. Approximations of Euler – Maruyama type for stochastic differential equations with Markovian switching under non – Lipschitz conditions. Comput. Appl. Math. , 2007, 205 (2): 936 – 948.

［195］ Yuan C. , Gloverb W. Approximate solutions of stochastic differential delay equations with Markovian switching. Comput. Appl. Math. , 2006, 194 (2): 207 – 226.

［196］ Zhou S. , Wu F. Convergence of numerical solutions to neutral stochastic delay differential equations with Markovian switching. Comput. Appl. Math. , 2009, 229 (1): 85 – 96.

［197］ Milošvić M. , Jovanović M. , Janković S. A Taylor polynomial approach in approximations of solution to pantograph stochastic differential equations with Markovian switching. Math. Comput. Model. , 2011, 53 (1 – 2): 280 – 293.

［198］ Li X. , Mao X. , Shen Y. Approximate solutions of stochastic differential delay equations with Markovian switching. J. Differ. Equ. Appl. , 2010, 16 (2 – 3): 195 – 207.

［199］ Yin G. , Mao X. , Yuan C. , Cao D. Approximation methods for hybrid diffusion systems with state—dependent switching processes: numerical algorithms and existence and uniqueness of solutions. SIAM J. Math. Anal. , 2010, 41 (6): 2335 – 2352.

［200］ Pang S. , Deng F. , Mao X. Almost sure and moment exponential stability of Euler – Maruyama discretizations for hybrid stochastic differential equations. J. Comput. Appl. Math. , 2008, 213 (1): 127 – 141.

［201］ Huang C. , Exponential mean square stability of numerical methods for systems of stochastic differential equations, Journal of Computational and Applied Mathematics, 2012, 236 (16): 4016 – 4026.

［202］ Qu X. , Huang C. , Delay – dependent exponential stability of the backward Euler method for nonlinear stochastic delay differential equations, International Journal of Computer and Mathematics, 2012, 89 (8): 1039 – 1050.

［203］ Huang C. , Gan S. , Wang D. , Delay – dependent stability analysis of numerical methods for stochastic delay differential equations, Journal of Computational and Applied Mathematics，2012，236（14）：3514 – 3527.

［204］祝乔，胡广大，曾莉，随机控制系统 Euler – Maruyama 方法的均方指数输入状态稳定性［J］. 自动化学报，2010，36（3）：406 – 411.

［205］Grune L. ，Input – to – state stability，numerical dynamics and sampled – data control，GAMM – Mitt. 2008，31（1）：94 – 114.

［206］Jiang F. ，Yang H. ，Shen Y. Stability of second – order stochastic neutral partial functional differential equations driven by impulsive noises. Science China（Information Sciences），2016，59（11）：112208：1 – 112208：11.

［207］Huang C. ，Mean square stability and dissipativity of two calsses of theta methods for systems of stochastic delay differential equations. J. Comput. Appl. Math. ，2013.

［208］Higham D. J. ，Kloeden P. E. Strong convergence rates for backward Euler on a class of nonlinear jump – diffusion problems. Comput. Appl. Math. ，2007，205（2）：949 – 956.

［209］Higham D. J. ，Kloeden P. E. Numerical methods for nonlinear stochastic differential equations with jumps. Numer. Math. ，2005，101（1）：101 – 119.

［210］Higham D. J. ，Kloeden P. E. Convergence and stability of implicit methods for jump – diffusion systems. Internat. J. Numer. Anal. Model. ，2006，3（1）：125 – 140.

［211］Chalmers G. D. ，Higham D. J. Convergence and stability analysis for implicit simulations of stochastic differential equations with random jump magnitudes. Discrete Cont. Dyn – B，2008，9（1）：47 – 64.

［212］Kuang S. ，Deng F. ，Peng Y. ，Input – to – state stability of Euler – Maruyama method for stochastic delay control systems. J. Syst. Engineering & Electronics，2013，24（2）：309 – 317.

［213］Li R. ，Meng H. ，Dai Y. Convergence of numerical solutions to stochastic delay differential equations with jumps. Appl. Math. Comput. ，2006，172（1）：584 – 602.

［214］Wang L. ，Mei C. ，Xue H. The semi – implicit Euler method for stochastic differential delay equation with jumps. Appl. Math. Comput. ，2007，192（2）：567 – 578.

［215］ Wei M. Convergence of numerical solutions for variable delay differential equations driven by Poisson random jump measure. Appl. Math. Comput. , 2009, 212 (2): 409 – 417.

［216］ Gardoń A. The order of approximation for solutions of Itô – type stochastic differential equations with jumps. Stoch. Anal. Appl. , 2004, 22 (3): 679 – 699.

［217］ Chalmers G. D. , Higham D. J. First and second moment reversion for a discretised square root process with jumps. J. Differ. Equ. Appl. , 2010, 16 (1): 143 – 156.

［218］ Chalmers G. , Higham D. J. Asymptotic stability of a jump – diffusion equation and its numerical approximation. SIAM J. Sci. Comp. , 2008, 31 (2): 1141 – 1155.

［219］ Wu F. , Mao X. , Chen, K. Strong convergence of Monte Carlo simulations of the mean – reverting square root process with jump. Appl. Math. Comput. , 2008, 206 (1): 494 – 505.

［220］ Luo J. Comparison principle and stability of Itô stochastic differential delay equations with Pois – son jump and Markovian switching. Nonlinear Anal. , 2006, 64 (2): 253 – 262.

［221］ Wang L. , Xue H. Convergence of numerical solutions to stochastic differential delay equations with Poisson jump and Markovian switching. Appl. Math. Comput, 2007, 188 (2): 1161 – 1172.

［222］ Li R. , Chang Z. Convergence of numerical solution to stochastic delay differential equation with Poisson jump and Markovian switching. Appl. Math. Comput, 2007, 184 (2): 451 – 463.

［223］ Li R. , Pang W. , Leung P. , Exponential stability of numerical solutions to stochastic delay Hopfield neural networks, Neurocomputing, 2010 (73): 920 – 926.

［224］ Rathinasamy A. , The split – step θ – methods for stochastic delay Hopfield neural networks. Applied Mathematical Modelling, 2012 (36): 3477 – 3485.

［225］ Zhou Q. , Wan L. Exponential stability of stochastic delayed Hopfield neural networks. Appl. Math. Comput. 2008 (199): 84 – 89.

［226］ Venetianer P. , Roska T. Image compression by delayed CNNs. IEEE Trans. Circuits Syst. I, 1998 (45): 205 – 215.

［227］ Hopfield J. J. Neural networks and physical systems with emergent collective computational abilities. Proc. Nat. Acad. Sci. (Biophysics), 1982 (79): 2554 – 2558.

［228］ Forti M. and Tesi A. New conditions for global stability of neural networks with application to linear and quadratic programming problems. IEEE Trans. Circuits Syst. I, Fundam. Theory Appl. , 1995, 42 (7): 354 – 366.

［229］ Zeng Z. , Huang D. , Wang Z. Memory pattern analysis of cellular neural networks. Physics Letters A, 2005 (342): 114 – 128.

［230］ Luo L. , Zeng Z. , Liao X. Global exponential stability in Lagrange sense for neutral type recurrent neural networks. Neurocomputing, 2011, 74 (4): 638 – 645.

［231］ Shen Y. , Wang J. An improved algebraic criterion for global exponential stability of recurrent neural networks with time – varying Delays. IEEE Trans. Neural Netw. , 2008, 19 (3): 528 – 531.

［232］ Shen Y. , Wang J. Almost sure exponential stability of recurrent neural networks with Markovian switching. IEEE Trans. Neural Netw. Reg. paper, 2009, 20 (5): 840 – 855.

［233］ Liu M. Global asymptotic stability analysis of discrete – time Cohen – Grossberg neural networks based on interval systems. Nonlinear Analysis: Theory, Methods and Applications, 2008, 69 (8): 2403 – 2411.

［234］ Cao J. , Wang J. Global asymptotic stability of a general class of recurrent neural networks with time – varying delays. IEEE Trans. Circuits Syst. I, 2003, 50 (1): 34 – 44.

［235］ Xu S. , Lam J. , and Ho D. W. C. A new LMI condition for delay dependent asymptotic stability of delayed Hopfield neural networks. IEEE Trans. Circuits Syst. II Exp. Briefs, 2006, 53 (3): 230 – 234.

［236］ Chen T. , Amari S. Stability of asymmetric Hopfield networks, IEEE Trans. Neural Netw. , 2001 (12): 159 – 163.

［237］ Huang C. , Chen P. , He Y. , Huang L. , Tan W. Almost sure exponential stability of delayed Hopfield neural networks. Appl. Math. Lett, 2008 (21): 701 – 705.

[238] Wan L., Sun J. Mean square exponential stability of stochastic delayed Hopfield neural networks. Phys. Lett. A. 2005 (343): 306 – 318.

[239] Zhu S., Shen Y., Liu L. Exponential stability of uncertain stochastic neural networks with Marko – vian switching. Neural Process Lett., 2010 (32): 293 – 309.

[240] Jiang F., Shen Y. Stability in the numerical simulation of stochastic delayed Hopfield neural network, Neural Comput & Applic, 2013 (22): 1493 – 1498.

[241] Shen Y., Wang J. Robustness analysis of global exponential stability of recurrent neural networks in the presence of time delays and random disturbances. IEEE Trans Neural Netw., 2012, 23 (1): 87 – 96.

[242] Shen Y., Wang J. Robustness analysis of global exponential stability of recurrent neural networks in the presence of time delays and random disturbances. IEEE transactions on neural networks and learning systems, 2011, 23 (1): 87 – 96.

[243] Hu P., Huang C. Stability of stochastic θ – methods for stochastic delay integrodifferential equtions. Int. J. Comput. Math., 2011 (88): 1417 – 1429.

[244] Rathinasamy A., Balachandran K., T – stability of the split – step θ – methods for linear stochastic delay integro – differential equations, Nonlinear Analysis: Hybrid Systems, 2011 (5): 639 – 646.

[245] Ding X., Ma Q., Zhang L., Convergence and stability of the split – step θ – method for stochastic differential equations, Computers and Mathematics with Applications, 2010 (60): 1310 – 1321.

[246] Wu A, Zhang J, Zeng Z. Dynamic behaviors of a class of memristor – based Hopfield networks. Physics Letters A, 2011 (375): 1661 – 1665.

[247] Zhang G, Shen Y, Sun J. Global exponential stability of a class of memristor – based recurrent neural networks with time – varying delays. Neurocomputing, 2012, 97 (15): 149 – 154.

[248] Wu A, Wen S, Zeng Z. Synchronization control of a class of memristor – based recurrent neural networks. Inf. Sci., 2012 (183): 106 – 116.

[249] Sun Y, Cao J. Stabilization of stochastic delayed neural networks with Markovian switching. Asian J Control, 2008, 10 (3): 327 – 340.

[250] Hu G, Liu M, Mao X, Song M. Noise suppresses exponential growth under regime switching. J Math Anal Appl, 2009 (355): 783 – 795.

［251］Deng F, Luo Q, Mao X. Stochastic stabilization of hybrid differential equations. Automatica, 2012, 48（9）: 2321 – 2328.

［252］Zhu S, Shen Y, Chen G. Noise suppress or express exponential growth for hybrid Hopfield neural networks. Phys. Lett. A, 2010, 374（19 – 20）: 2035 – 2043.

［253］Appleby. J. A. D. , Mao. X. Stochastic stabilisation of functional differential equations. Systems and Control Letters, 2005（54）: 1069 – 1081.

［254］Arnold. L, Crauel. H, Wihstutz. V. Stabilisation of linear systems by noise. SIAM Journal on Control and Optimization, 1983（21）: 451 – 461.

［255］Caraballo. T, Garrido. A. M, Real. J. Stochastic stabilisation of differential systems with general decay rate. Systems and Control Letters, 2003（48）: 397 – 406.

［256］Boulanger. C. Stabilization of a class of nonlinear stochastic systems. Nonlinear Analysis: Theory, Methods and Applications, 2000（41）: 277 – 286.

［257］Meerkov. S. Condition of vibrational stabilizability for a class of non – linear systems. IEEE Trans – actions on Automatic Control, 1982（27）: 485 – 487.

［258］Appleby. J. A. D. , Mao. X, Rodkina A. Stabilisation and destabilization of nonlinear differential equations. IEEE Transactions on Automatic Control, 2008（53）: 683 – 691.

［259］Wu F. , Hu. S. Suppression and stabilisation of noise, Internat. J. Control, 2009（82）: 2150 – 2157.

［260］Song Y, Yin Q, Shen Y, et al. Stochastic suppression and stabilization of nonlinear differential systems with general decay rate. Journal of the Franklin Institute, 2013, 350（8）: 2084 – 2095.

［261］Zhao D. The boundedness and stability of neutral delay differential equations with damped stochastic perturbations via fixed point theory. Applied Mathematics and Computation, 2013（219）: 6792 – 6803.

［262］Rumelhart. D, Hinton. G, Williams. R. Learning representations of back propagation errors. Nature, 1986（323）: 533 – 536.

［263］Jiang F. , Shen Y. , Wu F.（2011）Convergence of numerical approximation for jump models involving delay and mean – reverting square root process. Stoch. Anal. Appl. , 2011（29）: 216 – 236.

［264］Cao W. , Zhang Z. , On exponential mean – square stability of two – step Maruyama methods for stochastic delay differential equations. J. Comput. Appl. Math. , 2013（245）：182 – 193.

［265］Jiang F. , Shen Y. , Hu J. Stability of the split – step backward Euler scheme for stochastic delay integrodifferential equations with Markovian switching. Commun. Nonlinear Sci. Numer. Simu – lat. , 2011（16）：814 – 821.

［266］Mao X. , Szpruch L. , Strong convergence rates for backward Euler – Maruyama method for non – linear dissipative – type stochastic differential equations with super – linear diffusion coefficients. Stochastics：An International Journal of Probability and Stochastic Processes，2012：1 – 28.

［267］蔡宁，张则强，朱立夏，贾林. 多约束能耗拆卸线平衡问题的改进果蝇模糊优化［J］. 信息与控制，2018，47（06）：702 – 712.

［268］宋金牛，姜颖. 投资者情绪状态对股票收益的影响［J］. 经济研究导刊，2019（11）：128 – 130.

［269］杨欣，吕本富. 突发事件、投资者关注与股市波动——来自网络搜索数据的经验证据［J］. 经济管理，2014，36（02）：147 – 158.

［270］王海军，金涛，林志伟. 基于 GRA – CS – BP 算法的期货价格预测［J］. 数学的实践与认识，2018，48（24）：293 – 298.

［271］薛亮，刘丽颖，虞文杰. 股票市场预测的小波神经网络模型［J］. 经济研究导刊，2018（03）：95，126.

［272］陆静，周媛. 投资者情绪对股价的影响——基于 AH 股交叉上市股票的实证分析［J］. 中国管理科学，2015，23（11）：21 – 28.

［273］林振兴. 网络讨论、投资者情绪与 IPO 抑价［J］. 山西财经大学学报，2011，33（02）：23 – 29.

［274］刘颖，吕本富，彭赓. 网络搜索对股票市场的预测能力：理论分析与实证检验［J］. 经济管理，2011，33（01）：172 – 180.

［275］易志高，茅宁. 中国股市投资者情绪测量研究：CICSI 的构建［J］. 金融研究，2009（11）：174 – 184.

［276］Da Z, Engelberg J, Gao P. The sum of all FEARS investor sentiment and asset prices. The Review of Financial Studies，2014，28（1）：1 – 32.

［277］Najeh Chaabane. A hybrid ARFIMA and neural network model for electricity price prediction. Electrical power and Energ systems. 2014（55）：187 – 194.

［278］蔡宁，张则强，朱立夏，贾林. 多约束能耗拆卸线平衡问题的改进果蝇模糊优化［J］. 信息与控制，2018，47（06）：702 – 712.

［279］杜利珍，王运发，王震，余联庆，李新宇. 基于果蝇算法的第二类装配线平衡问题［J］. 中国机械工程，2018，29（22）：2711 – 2715.

［280］李昕冉，周金和. 基于果蝇优化算法的 ICN 能效优化策略［J］. 计算机工程，2018，44（10）：147 – 153.

［281］齐建东，刘春霞，崔晓晖，李伟. 基于改进型果蝇算法的无性系种子园设计［J］. 农业机械学报，2018，49（11）：195 – 200.

［282］王玉冬，王迪，王珊珊. 基于 PSO – BP 和 FOA – BP 神经网络的财务危机预警模型比较［J］. 统计与决策，2018，34（15）：177 – 179.

［283］Du T S, Ke X T, Liao J G, et al. DSLC – FOA：An Improved Fruit Fly Optimization Algorithm Application to Structural Engineering Design Optimization Problems. Applied Mathematical Modelling, 2017（55）：314 – 339.

［284］Ma Q, He Y, Zhou F. Multi – objective fruit fly optimization algorithm for test point selection//2016 IEEE Advanced Information Management, Communicates, Electronic and Automation Control Conference（IMCEC）. IEEE, 2016：272 – 276.

［285］Pan Q K, Sang H Y, Duan J H, et al. An improved fruit fly optimization algorithm for continuous function optimization problems. Knowledge – Based Systems, 2014（62）：69 – 83.

［286］Wang T, Yin Y, Zhou J, et al. Optimal riser design method based on geometric reasoning method and fruit fly optimization algorithm in CAD. The International Journal of Advanced Manufacturing Technology, 2018, 96（1 – 4）：53 – 65.

［287］Yuan X, Dai X, Zhao J, et al. On a novel multi – swarm fruit fly optimization algorithm and its application. Applied Mathematics and Computation, 2014, 233（3）：260 – 271.

［288］胡家珩，岑咏华，吴承尧. 基于深度学习的领域情感词典自动构建——以金融领域为例［J］. 数据分析与知识发现，2018，2（10）：95 – 102.

［289］胡荣磊，芮璐，齐筱，张昕然. 基于循环神经网络和注意力模型的文本情感分析［J］. 计算机应用研究，2019（11）：1 – 7.

［290］何炎祥，孙松涛，牛菲菲，李飞. 用于微博情感分析的一种情感语义

增强的深度学习模型 [J]. 计算机学报, 2017, 40 (04): 773 - 790.

[291] 焦凤. 基于朴素贝叶斯的酒店评论情感倾向性分析 [J]. 现代计算机 (专业版), 2018 (20): 45 - 49.

[292] 廖君华, 刘自强, 白如江, 陈军营. 基于引文内容分析的引用情感识别研究 [J]. 图书情报工作, 2018, 62 (15): 112 - 121.

[293] 李婷婷, 姬东鸿. 基于 SVM 和 CRF 多特征组合的微博情感分析 [J]. 计算机应用研究, 2015, 32 (04): 978 - 981.

[294] 谭皓, 邓树文, 钱涛, 姬东鸿. 基于表情符注意力机制的微博情感分析模型 [J]. 计算机应用研究, 2019 (09): 1 - 7.

[295] 闫晓东, 黄涛. 基于情感词典的藏语文本句子情感分类 [J]. 中文信息学报, 2018, 32 (02): 75 - 80.

[296] 智昕, 周日贵. 基于互信息法的中文音乐情感词典的构建 [J]. 现代计算机 (专业版), 2018 (21): 50 - 53.

[297] 曾子明, 杨倩雯. 基于 LDA 和 AdaBoost 多特征组合的微博情感分析 [J]. 数据分析与知识发现, 2018, 2 (08): 51 - 59.

[298] Hinton G E. Learning distributed representations of concepts. In: Proceedings of the eighth annual conference of the cognitive science society. 1986: 1 - 12.

[299] Kim Y. Convolutional Neural Networks for Sentence Classification. In: Proceedings of Conference on Empirical Methods in Natural Language Processing. Doha, 2014 (5), 1746 - 1751.

[300] Mikolov T, Sutskever I, Chen K, et al. Distributed Representations of Words and Phrases and their Compositionality. Advances in Neural Information Processing Systems, 2013 (26): 3111 - 3119.

[301] Paltoglou G, Thelwall M. A Study of Information Retrieval Weighting Schemes for Sentiment Analysis. In: Proceedings of the 48th Annual Meeting of the Association for Computational Linguistics. Association for Computational Linguistics, 2010 (6): 1386 - 1395.

[302] Pennington J, Socher R, Manning C D. Glove: Global vectors for word representation. Proceedings of the Empiricial Methods in Natural Language Processing (EMNLP 2014), 2014 (12): 1532 - 1543.

[303] 佚名. 中国景区民宿市场研究报告 [J]. 新西部: 上, 2017

（6）：91.

［304］李沛沛，单文君. 基于内容分析法的杭州西湖景区周边民宿质量现状及提升策略研究［J］. 现代商业，2017（18）：28 – 30.

［305］黄沛，陈雪琼. 基于内容分析法的旅游地客栈民宿服务质量评价研究［J］. 西安建筑科技大学学报（社会科学版），2017，36（02）：36 – 41.

［306］张希，杨雅茜. 国内民宿业服务质量评价研究［J］. 湖州师范学院学报，2017，39（01）：59 – 66.

［307］卢微. 隐马尔可夫模型在自然语言理解研究中的应用［J］. 电脑与信息技术，2007（01）：33 – 35.

［308］Mikolov T，Chen K，Corrado G，et al. Efficient estimation of word representations in vector space. arXiv preprint，2013：1301.3781.

［309］Kim Y. Convolutional neural networks for sentence classification. arXiv preprint，2014：1408.5882.

［310］Blei D M，Ng A Y，Jordan M I. Latent dirichlet allocation. Journal of Machine Learning Research，2003（3）：993 – 1022.

［311］廖列法，勒孚刚，朱亚兰. LDA 模型在专利文本分类中的应用［J］. 现代情报，2017，37（03）：35 – 39.

［312］Zhang Y，Wallace B. A sensitivity analysis of（and practitioners' guide to）convolutional neural networks for sentence classification. arXiv preprint，2015：1510.03820.